高等院校"十二五"规划教材·数字媒体技术
示范性软件学院系列教材

Flash动画制作技术

丛书主编　肖刚强
本书主编　李　红
副　主　编　冯庆胜　翟　悦
主　　审　孙淑娟

U0143791

辽宁科学技术出版社
沈阳

图书在版编目（CIP）数据

Flash动画制作技术/李红主编.—沈阳：辽宁科学技术出版社，2012.2
高等院校"十二五"规划教材·数字媒体技术/肖刚强主编
ISBN 978-7-5381-7254-6

Ⅰ.①F…　Ⅱ.①李…　Ⅲ.①动画制作软件，Flash-高等学校-教材　Ⅳ.①TP391.41

中国版本图书馆CIP数据核字（2011）第252738号

出版发行：辽宁科学技术出版社
　　　　　（地址：沈阳市和平区十一纬路29号　邮编：110003）
印 刷 者：沈阳新华印刷厂
经 销 者：各地新华书店
幅面尺寸：185mm×260mm
印　　张：14.75
字　　数：350千字
印　　数：1~3000
出版时间：2012年2月第1版
印刷时间：2012年2月第1次印刷
责任编辑：于天文
封面设计：赵苗苗
版式设计：于　浪
责任校对：李　霞

书　　号：ISBN 978-7-5381-7254-6
定　　价：29.00元

投稿热线：024-23284740
邮购热线：024-23284502
E-mail:lnkjc@126.com
http://www.lnkj.com.cn
本书网址：www.lnkj.cn/uri.sh/7254

序 言

当前，我国高等教育正面临着重大的改革。教育部提出的"以就业为导向"的指导思想，为我们研究人才培养的新模式提供了明确的目标和方向，强调以信息技术为手段，深化教学改革和人才培养模式改革，根据社会的实际需求，培养具有特色显著的人才，是我们面临的重大问题。我们认真领会和落实教育部指导思想后提出新的办学理念和培养目标。新的变化必然带来办学宗旨、教学内容、课程体系、教学方法等一系列的改革。为此，我们组织学校有多年教学经验的专业教师，多次进行探讨和论证，编写出这套"数字媒体技术"专业的系列教材。

这套系列教材贯彻了"理念创新，方法创新，特色创新，内容创新"四大原则，在教材的编写上进行了大胆的改革。教材主要针对软件学院数字媒体技术等相关专业的学生，包括了多媒体技术领域的多个专业方向，如图像处理、二维动画、多媒体技术、面向对象计算机语言等。教材层次分明，实践性强，采用案例教学，重点突出能力培养，使学生从中获得更接近社会需求的技能。

本套系列教材在原有学校使用教材的基础上，参考国内相关院校应用多年的教材内容，结合当前学校教学的实际情况，有取舍地改编和扩充了原教材的内容，使教材更符合本校学生的特点，具有更好的实用性和扩展性。

本套教材可作为高等院校数字媒体技术等相关专业学生使用，也是广大技术人员自学不可缺少的参考书之一。

我们恳切地希望，大家在使用教材的过程中，及时提出批评和改进意见，以利于今后教材的修改工作。相信经过大家的共同努力，这套教材一定能成为特色鲜明、学生喜爱的优秀教材。

肖刚强

前　言

随着计算机技术的发展，动画的设计与游戏的制作已经受到大多数人的喜爱和热衷，并且在社会工作和生活娱乐中扮演着越来越重要的角色。为了满足就业和任职的需求，许多高等院校都开设了动画制作和数字媒体技术的相关课程。

Flash是目前较为流行的矢量动画制作软件，其功能强大，使用方便，动画文件数据量小，在网页制作、多媒体开发和影视动画制作等领域都有广泛的应用。本书以Flash动画和游戏制作流程为主线，基于学生学习的相应规律和接受能力的特点，按照由浅入深、循序渐进的学习规律，深入浅出地介绍Flash的相关工具、相应组件和具体ActionScript脚本，并通过大量通俗易懂、符合学生学习认知过程的实例，启发开导学生的学习兴趣，最终达到掌握并熟练应用Flash进行动画制作和交互式游戏编程的目的。

全书分为9章，第1章简单介绍了Flash的发展进程及特点；第2章主要讲述应用Flash进行简单图形绘制和图形编辑用到的基本工具；第3章至第4章分别介绍Flash的基本动画制作方法和Flash高级动画的基本原理和制作方法，包括逐帧动画、补间动画、引导动画、遮罩动画、骨骼动画等经典动画的制作方法；第5章详细描述使用脚本语言进行交互的操作设置、编程思想和使用方法；第6章介绍使用组件的方法；第7章介绍Flash动画的优化与发布方法；第8章和第9章通过两个综合实例介绍应用Flash制作MTV和制作游戏的流程和方法。同时，每一章节都附有大量的应用实例。

本书可以作为大专院校数字媒体技术专业、动画专业学生的教材，也适用于需要学习Flash的初中级用户、Flash动画爱好者以及Flash动画从业人员作为辅导和培训教材。

本书在编写过程中力求符号统一，图表准确，语言通俗，结构清晰。但由于编者水平有限，书中难免存在疏漏和不妥之处，恳切希望广大读者批评指正。

如需本书课件和习题答案，请来信索取，地址：mozi4888@126.com

李　红

目　录

第1章 Flash基础知识

本章重点

- 了解Flash的发展历史。
- 理解Flash的技术特点。
- 了解Flash的应用领域与发展前景。

Flash是目前非常流行的矢量图形编辑和动画制作专业软件。它能够将矢量图、位图、音频、动画等有机、灵活地结合在一起，从而制作出美观、新奇、交互性更强的动画效果。所以一经推出，就受到广大网页设计者的青睐，被广泛用于网页动画的设计，成为当今最流行的网页设计软件之一。

1.1 Flash的历史

Flash最早期的版本称为Future Splash Animator， 1996年，Future Splash Animator卖给了Macromedia（同时改名为Flash 1.0）。在1997年6月推出了Flash 2.0 ，引入库的概念 。1998年推出了Flash 3.0，支持影片剪辑，JavaScript插件，透明度和独立播放器。但是这些早期版本的Flash所使用的都是Shockwave播放器。 1999年，Flash进入4.0 ，支持变量，文本输入框，增强的ActionScript，流媒体MP3。开始有了自己专用的播放器，称为"Flash Player"，但仍然沿用了原有的扩展名：.swf（Shockwave Flash）。

2000年8月，Macromedia推出了Flash 5.0 ，它所支持的播放器为Flash Player 5。Flash 5.0中的ActionScript有了很大的进步，并且开始了对XML、Java、Smart Clip（智能影片剪辑）和HTML文本格式的支持。ActionScript的语法已经开始定位发展成为一种完整的面向对象的语言，并且遵循ECMAScript的标准，就像JavaScript那样。

2003年8月，Macromedia推出了Flash MX 2004。Flash MX 2004有了更强大的功能，它提供了对移动设备和手机、Pocket PC等设备或终端的支持；对HTML文本中内嵌图像和SWF文件提供了支持；能够进行可视编程；对高级可控外观组件提供支持；实现了数据绑定、Web服务和XML的预建数据连接器等新功能。后来，Macromedia推出了Flash 8.0，该版本增强了对视频支持，我们可将动画打包发布成Flash视频(即*.flv文件)并改进，且增强了动作脚本面板。

2005年，Adobe公司出资并购Macromedia。 从此，Flash便冠上了Adobe的名头，不久即以Adobe的名义推出Flash产品，名为Adobe Flash CS3 。Adobe Flash CS3支持全新的ActionScript 3.0 脚本语言。ActionScript 3.0包含上百个类库，涵盖图形处理、算法、XML、网络传输等诸多范围，为开发者提供了丰富的设计开发环境，被认可为一种完整、清晰的面向对象的语言。后来陆续推出了Adobe Flash CS4和最新的Adobe Flash CS5。

1.2 Flash的特点

Flash技术不断发展，并具有强大的生命力和其自身的特点密不可分，Flash的特点主要有以下几点：

（1）以矢量技术等为基础，所以利用Flash制作的动画是矢量的，无论把它放大多少倍都不会失真。而且矢量图形数据量较小，即使动画内容很丰富，其数据量也很小。

（2）采用流媒体技术，适合网络传播。Flash动画可以放在网上供人欣赏和下载，采用流媒体，因此动画可以边下载边播放，下载到哪部分就能立即看到哪部分，无须等待全部动画下载完毕才开始播放。如果速度控制得好，则根本感觉不到文件的下载过程。所以，Flash动画在网上被广泛传播。

（3）Flash动画具有交互性优势，可以更好地满足所有用户的需要。它可以让欣赏者的动作成为动画的一部分。用户可以通过点击、选择等动作决定动画的运行过程和结果，这一点是传统动画所无法比拟的。

（4）表现形式多样。可包含文字、图片、声音、动画、视频等，具有崭新的视觉效果，比传统的动画更灵巧，更"酷"。它已经成为一种新时代的艺术表现形式。

（5）适用范围广。可用于二维动画、小游戏、网页制作等。

（6）动画制作的成本非常低，使用Flash制作的动画能够大大地减少人力、物力资源的消耗。同时，在制作时间上也会大大减少。

1.3 Flash的应用与前景

随着Flash的不断推陈出新，Flash也被越来越多的领域所应用。其应用领域可归纳为：

（1）动画制作。利用Flash制作的动画具有形式多样，画面美观时尚等特点。可制作动画短片、网络广告、MTV、音乐贺卡、多媒体教学课件等，如图1-1所示是使用Flash制作的童谣歌曲《两只老虎》MTV的画面。

（2）动态网页。Flash所具有的交互功能能够实现客户与服务器的数据传输，故利用Flash可制作具有交互功能、画面表现力强的动态网页。

（3）在线游戏。利用脚本和组件，Flash可制作出精美、互动性强的交互游戏，如图1-2所示是使用Flash制作的射击小游戏的运行界面。

随着Flash的不断发展和人们对Flash技术的深入了解，越来越多的人加入到Flash的学习和应用中，Flash的发展方向也成为人们比较关注的方面，随着Flash CS系列的推出，人们发现Flash更易于使用，易于控制，具有更丰富的绘图功能，与音频视频文件的更完美结合使得Flash在动画制作和游戏制作等方面具有更大的优势；Flash中提供的应用程序编辑接口（API）可轻松开发添加自定义功能的扩展功能，使Flash具有可扩展的体系结构，这使Flash在网站建设和应用程序开发等方面更具吸引力；对矢量图形的更智能化、更合理化的操作，对于界面元素的更准确地控制和效果实现，使得Flash在操作系统界面设计方面更具魅力。总之，不管未来将如何发展，Flash都将在未来数字艺术领域发挥越来越大的作用。

图1-1 《两只老虎》MTV

图1-2 Flash小游戏

1.4 本章小结

本章简单介绍了Flash的基本知识。通过本章学习，我们应该对Flash的发展历史有所了解，并能够知道Flash的特点和其应用领域。同时对Flash的发展方向具有大致的了解。

第2章　Flash基本操作

本章重点

- 了解Flash的工作界面。
- 掌握Flash中的各种基本图形的绘制方法和颜色的填充方法。
- 掌握Flash中的图形编辑方法。
- 掌握文本工具与其他工具的使用方法。

2.1　Flash操作界面

本书采用Adobe Flash CS4为开发工具，首先需要安装Flash CS4软件，安装完之后就可以使用Flash来设计和开发我们的Flash作品。打开Flash CS4，软件为用户提供了一个方便操作的初始界面，用户可以根据自己的习惯来选择打开最近的"项目"｜"新建"｜"从模板创建"等选项，如图2-1所示。

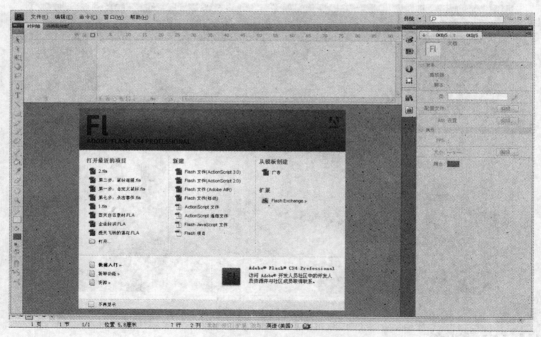

图2-1　新建Flash文件界面

我们可以从"新建"中选择需要新建的Flash项目，Flash CS4提供了Flash文件（ActionScript 3.0）、Flash文件（ActionScript 2.0）、Flash文件（Adobe AIR）、Flash文件（移动）、ActionScript文件、ActionScript通信文件、Flash JavaScript文件和Flash项目

8种文件形式供用户选择。我们这里选择新建Flash文件（ActionScript 3.0），点击该选项后，就正式进入Flash操作界面了，如图2-2所示。

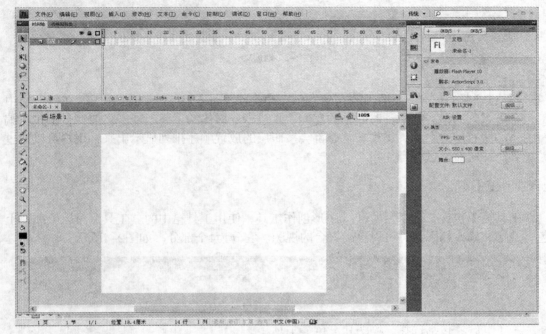

图2-2　Flash操作界面

从该界面中我们可以看出，Flash操作界面由菜单栏、时间轴、工具箱、舞台和工作区及浮动面板组成。

2.1.1　菜单栏

Flash CS4的菜单栏位于标题栏的下方，它提供了几乎所有的Flash CS4命令，包括文件、编辑、视图、插入、修改、文本、命令、控制、调试、窗口和帮助菜单项，如图2-2所示。用户可根据不同的功能要求，在相应的菜单中找到需要的各功能命令。

Flash关于文件的操作同其他应用软件类似，也包括文件的新建、保存、打开、导入和打印等。编辑菜单包括常用的编辑命令；视图菜单用于屏幕的显示与控制；插入菜单包括插入新建元件，向动画中添加场景，向场景中添加层，向层中添加帧；修改菜单可以修改动画中各种对象的属性；文本菜单是处理文本对象的命令；窗口菜单用于控制Flash显示的形式和界面。

2.1.2　时间轴

时间轴是Flash中最重要的部分，它控制了Flash动画的播放顺序和电影中元件的变化。时间轴由帧和图层组成，左侧是图形操作区，右侧是帧操作区，如图2-3所示。帧和图层是Flash中两个重要的概念。

帧是构成Flash动画的基本单位，表示Flash动画的一个画面。播放时，多个帧快速、连续切换就形成了动画。在时间轴中，帧以方格表示，由左至右编号。从时间上看，1帧=1/12秒。从类型上说，帧可以分成普通帧、关键帧和空白关键帧3种。一段动画一般由多

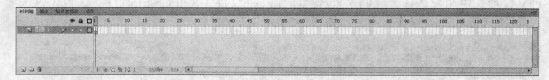

图2-3　时间轴

个不同性质的帧构成。

　　图层是制作复杂Flash动画的基础。每一动画动作都包括一个Flash图层，在每一层中都包含一系列的帧。它位于时间轴的左侧，是进行层操作的主要区域。当前舞台上正在编辑的作品所有层的名称、类型、状态都会按照层的放置顺序排列显示出来，用户可以通过"工具"按钮对层进行操作。

2.1.3　工具箱

　　工具箱中包含一套完整的Flash图形创作工具，使用工具箱中的"工具"可以绘图、上色、选择和修改插图，并可以更改舞台的视图。它分为4个部分，如图2-4所示。

图2-4　工具箱

　　·工具区：包括选择、绘图和上色等工具。
　　·查看区：对画板和舞台进行缩放和平移的工具。
　　·颜色区：对笔触颜色和填充区域颜色进行设置的工具。
　　·选择区：是对工具区中选取的部分工具的补充说明。它会随着当前选择的工具不同显示不同的操作。
　　若要指定不同的显示工具，可在"自定义工具面板"对话框中进行设置。

2.1.4　舞台和工作区

　　在Flash中，舞台是用来制作动画的区域，可以在其中直接绘制图像，也可以在舞台中安排导入的图像。它位于Flash界面正中央的白色区域，如图2-5所示。所有的Flash动画都是通过舞台展示出来的。舞台外面的灰色区域是工作区，类似于剧院的后台，它也可以放置对象，但只有舞台上的内容才是最终显示出来的动画作品，工作区内的对象不会在动画中显示。

　　场景是由舞台和工作区共同组成的区域。

2.1.5　浮动面板

　　使用面板可以查看、组合和更改使用资源。Flash的面板较多，但屏幕的大小有限，为了尽量使工作区最大，Flash提供了许多种自定义工作区面板的方式，可通过窗口菜单项显示或隐藏想使用的面板，还可以通过拖动面板左上方的相应图标，将面板从组合中拖曳出来，形成浮动面板，并可利用它将某些独立的面板添加到面板组合中。典型的属性面板和库面板如图2-6和图2-7所示。

　　属性面板是最重要、最常用的面板。在这里可以显示和修改一切对象的基本属性，而

图2-5 场景中的舞台和工作区

图2-6 属性面板

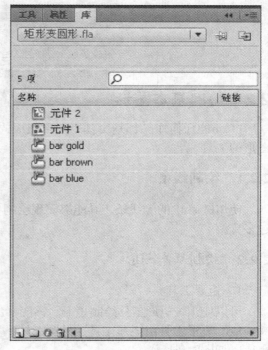

图2-7 库面板

且会随着选取对象的不同而出现不同的属性内容。比如新建一个文件，在没有选取任何对象时，打开属性面板，出现的就是整个文档的属性，如图2-6所示。此时属性面板提供了设置文档尺寸、背景颜色、播放速度以及发布设置内容，可以根据需要进行设置。选取一个椭圆对象，再打开属性面板，可以看到面板中出现的是这个椭圆对象的属性内容，如图2-8所示。此时属性面板的内容包括设置椭圆的线条颜色、线条粗细、线形和填充颜色等内容。

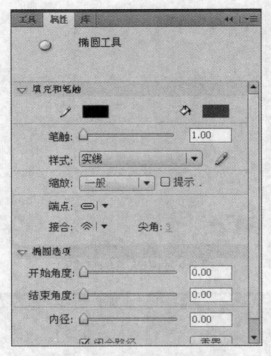

图2-8 选择"椭圆工具"的属性面板

2.2 绘制基本图形

Flash的任何作品都是由基本图形组成的。Flash中的工具箱提供了各种用来绘制基本图形的工具。

2.2.1 绘制线条

使用Flash中的 ＼线条工具能够实现绘制各种形式的线条。线条工具比较简单，这里不过多介绍。

2.2.2 绘制基本图形

1. 矩形工具

可以使用 ⬜矩形工具绘制矩形。该图标的右下方有一个符号，表示内部由若干具体工具组成。矩形工具由矩形工具、椭圆工具、基本矩形工具、基本椭圆工具和多角星形工具组成，如图2-9所示。

矩形工具可以通过对属性面板的设置绘制出形状大小不同的矩形。基本矩形工具的绘制方法与矩形工具类似，但比矩形工具灵活，可通过修改属性面板的矩形选项，通过拖曳 ⬭，能够实现对矩形形状的改变，如图2-10所示。

椭圆工具可根据属性设置绘制出不同形状大小的椭圆。基本椭圆工具不仅能够绘制椭圆，还可以绘制多种形状不同的基本扇形对象，如图2-11所示。

多角星形工具可以实现绘制各种形状的多边形和星形，可以通过如图2-12所示界面选择绘制的形状、边数等属性参数。绘制的多边形和星形如图2-13所示。

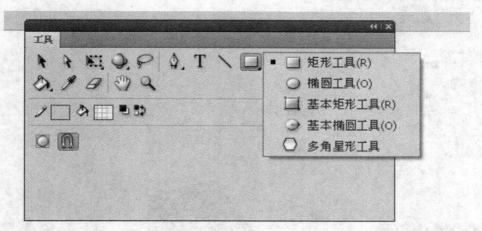

图2-9 矩形工具

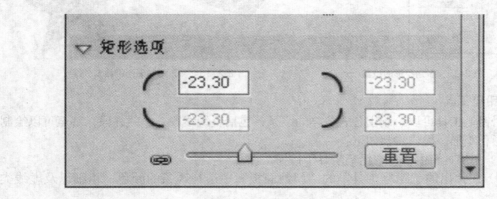

图2-10 矩形工具的属性面板

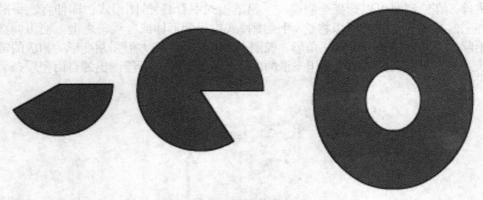

图2-11 不同的椭圆形态

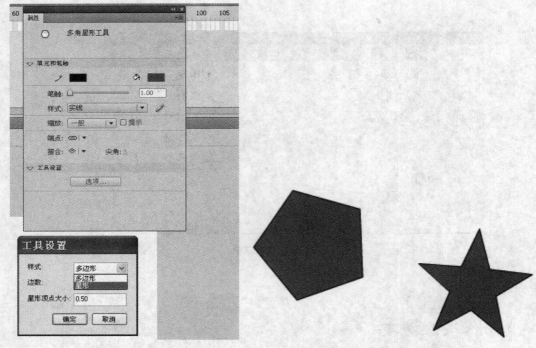

图2-12　多角星形的设置　　　　　　　图2-13　多边形和星形的绘制效果

2. 铅笔工具

利用铅笔工具可以绘制出各式各样的线条，包括直线线段、曲线线段，甚至可以绘制出椭圆形和矩形。操作步骤如下：

（1）在工具箱中单击"铅笔工具"按钮。

（2）在弹出的"铅笔工具"的"属性面板"中选择线条的颜色、粗细以及虚线类型。

（3）在舞台中按住鼠标左键不放，然后拖动鼠标，就可以将鼠标移动的轨迹用线条描绘出来。

另外，在绘制时可以选择绘制模式。铅笔模式中有3种绘图模式，即伸直、平滑和墨水，如图2-14所示。用户可以将这3种绘图模式应用到形体或者线条之上。使用伸直工具可以绘制出直线，并且可以将三角形、椭圆、圆、矩形、正方形强制变形为相应的常规几何形状。使用平滑工具可以绘制出平滑的曲线。使用墨水工具绘制出的自由型线条将基本保持原样。

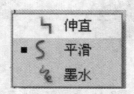

图2-14　铅笔工具的绘图模式

3. 钢笔工具

应用钢笔工具 ▣ 可以绘制精确的路径。如创建直线或曲线的过程中，可以先绘制直线或曲线，再调整直线段的角度和长度以及曲线段的斜率。操作步骤如下：

（1）单击工具箱中的钢笔工具 ▣ 。

（2）将鼠标放置在舞台上想要绘制曲线起始端的位置，然后单击鼠标左键不放，此时出现第一个锚点，并且钢笔尖变为箭头，松开鼠标，将鼠标放置在想要绘制第二个锚点的位置，单击鼠标并按住左键不放，即可绘制出一条直线段。将鼠标向其他方向拖曳，直线转换为曲线，即可实现对路径的描绘。

应用钢笔工具中我们还可以增加锚点 ▣ ：钢笔工具的光标变为带加号时，在线段上单击鼠标就会增加一个节点，有助于更精确地调整线段；删除锚点 ▣ ：当鼠标光标变为带减号时，在线段上单击节点，就会将这个节点删除；转换锚点 ▣ ：当鼠标光标变为带折线时，在线段上单击节点，就会将这个节点前的一段曲线改为最短距离或者转换为直线。

我们还可以使用钢笔工具修改用铅笔、刷子、线条、椭圆或矩形工具创建的对象上，实现调整对象节点，以改变这些线条的形状的目的。

关于钢笔工具，我们必须勤于练习，这样才能熟练地画出各种图形。

【实例】蓝天白云

【目的】熟悉钢笔工具的使用方法。

【操作过程】

（1）新建一个Flash文档，命名为"蓝天白云"，如图2-15所示。

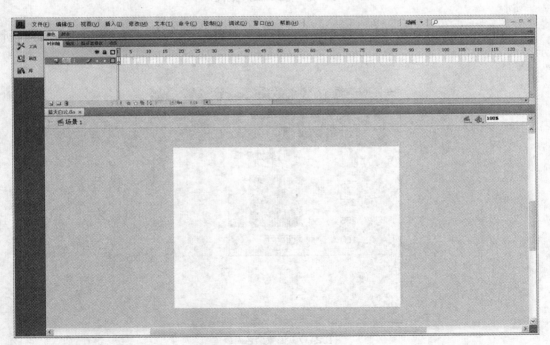

图2-15　初始界面

（2）点击钢笔工具 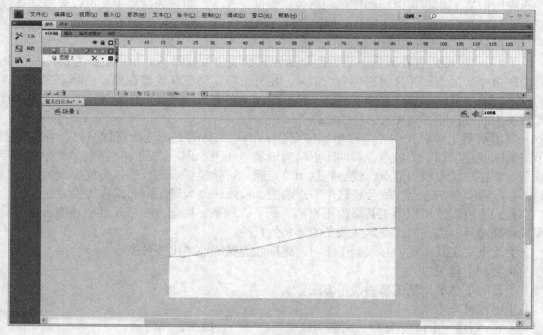，在舞台上使用钢笔工具绘制出如图2-16所示的图形。

图2-16　绘制基本形状界面

（3）选择颜色面板，将其类型设置为线性，设置由蓝到白的颜色渐变，如图2-17所示。

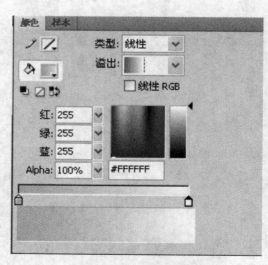

图2-17　设置颜色面板

（4）将该颜色填充到所画图形中，如图2-18所示。

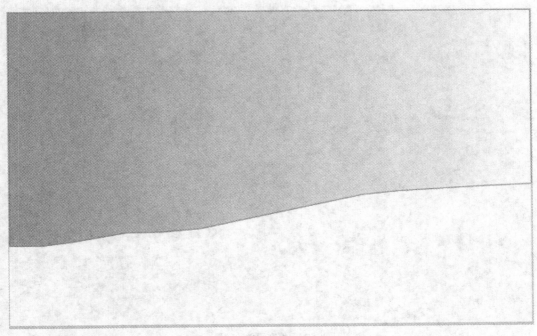

图2-18 填充颜色的效果

（5）使用任意变形工具将该颜色渐变（进行90°旋转），并将周围的钢笔笔触删除，如图2-19所示。

图2-19 任意变形工具旋转后的效果

（6）使用钢笔工具选择其余部分，并将其颜色填充为绿色，效果如图2-20所示。

图2-20　填充绿色的效果

（7）使用钢笔工具绘制出白云的形状，并进行调整，如图2-21所示。

图2-21　钢笔工具绘制并调整白云的效果

（8）在绘制的白云形状中填充颜色为白色，并删除其笔触颜色，如图2-22所示。

图2-22 填充颜色的效果

（9）使用同样的方法作出其他的云彩，这样，蓝天白云的效果就出来了，如图2-23所示。

图2-23 最终的效果

2.2.3　选择工具的使用与图形的编辑

1.　选择工具

选择工具能够实现选择对象、移动对象、编辑对象3种功能。

用户只需在舞台中单击就可以选中要编辑的对象，即可实现选择对象的操作。如果用户想要同时选中对象的边框和填充部分，可以双击，被选中的对象将被亮点或者方框包围，表明对象的边框和颜色填充部分都被选中。若想一次选择多个对象，可以在按住Shift键的同时，依次单击选取所需要的对象。使用这种方法能够精确地选中想要选取的对象。还可以使用鼠标拖动的方法框选多个对象。

在移动对象之前，必须先选择对象，然后在对象上按住鼠标左键，便可以在舞台中任意地移动，松开鼠标左键，则对象就会被移动到新的位置。在选取对象时，要注意填充部分和边线，如果用户只在填充部分单击，则移动的就只有填充部分，边线部分将不会被移动。

在编辑对象之前，首先选取要编辑的对象，然后使用工具箱中的选择工具，将鼠标移到对象的线条附近，待鼠标变成弧形时，用鼠标拖动线条即可改变对象的形状，如图2-24所示。

图2-24　使用选择工具改变对象形状

2.　使用部分选取工具

可以选择并移动对象，也可以对图形进行变形等操作。当某一对象被选中时，使用部分选取工具将会出现该对象的路径和锚点，拖动鼠标到任意位置能够完成对锚点的移动操作，如图2-25所示，在图中将一规则五边形的最上方的锚点向左进行了移动。当单击要编辑的锚点时，锚点两侧会出现调节手柄，拖动手柄的一端可以实现对曲线的形状编辑操作。

图2-25　使用部分选取工具移动锚点

3. 任意变形工具

该工具包括任意变形工具 和渐变变形工具 。能够实现对图形对象或填充颜色的变形。其中， 能够实现对图形的缩放、扭曲、旋转、封套等各种变形的功能，其效果如图2-26所示。 用来调整填充的渐变色。

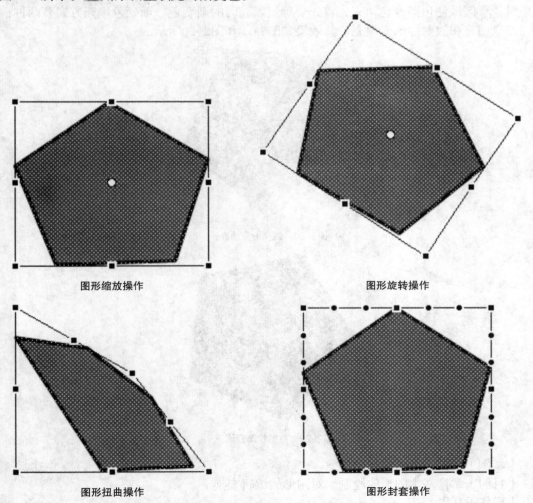

图形缩放操作　　　　　　　　　　　　　　图形旋转操作

图形扭曲操作　　　　　　　　　　　　　　图形封套操作

图2-26　使用任意变形工具对图形的操作

使用封套功能能够实现通过调整图形对象边框周围的切线手柄达到对整个图形的更复杂变形的操作，如图2-27所示。

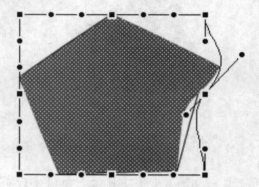

图2-27　对封套后的图形使用变形操作

渐变变形工具 能够实现使用渐变色、位图图像等特殊效果对区域进行颜色填充，如果对一个区域使用渐变色填充，首先要确定填充时的渐变色。渐变色填充方式有两种：线性渐变填充和放射性渐变填充，其效果如图2-28和图2-29所示。

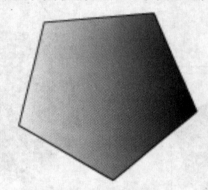

图2-28　线性渐变填充

图2-29　放射性渐变填充

【实例】星星、月亮的动画特效
【目的】掌握基本图形的绘制，对图形的编辑变换。
【操作过程】
（1）新建一个Flash文件，将舞台背景颜色设置成黑色，如图2-30所示。

图2-30 将舞台设置为黑色背景

（2）将笔触颜色设为白色，将填充颜色设为黄色，点击椭圆工具，在舞台的合适位置画一椭圆，如图2-31所示。

图2-31 在舞台上绘制椭圆

（3）点击"线条"工具，在椭圆中间画一直线，该直线要贯穿椭圆，如图2-32所示。

图2-32　绘制直线

（4）单击"选择"工具，将椭圆的左半部分删除，如图2-33所示。

图2-33　删除部分椭圆

（5）使用部分选择工具，拖动半圆的直线到合适位置，一个漂亮的月牙就出现了，如图2-34所示。

图2-34 月亮的效果

（6）下面画星星。单击"矩形工具"中的"多角星形工具"，选择属性面板，在工具设置选项中将样式改成星星，边数根据自己的喜好任意设置，在舞台中画出若干个大小不一的星星，则夜空下的星星、月亮就制作好了，如图2-35所示。

图2-35 绘制星星

4. 利用套索工具

与其他选择工具不同，使用套索工具可以实现对任意形状的选择，具有更大的灵活性。可以实现对物体的圈选：将套索光标移到物体上，按住鼠标左键，并拖曳鼠标圈选一个不规则形状后松开鼠标左键，如图2-36所示。

图2-36 使用套索工具圈选

此时圈选的不规则形状被选中，如图2-37所示。

图2-37 选中的不规则形状

如果选中套索工具中的辅助选项多边形套索工具 ，则圈选的形状将会是不规则多边形。套索工具中的辅助选项有3个，分别是魔术棒工具 、魔术棒属性 和刚刚介绍的多边形套索工具 。

魔术棒工具 主要用在导入Flash中的位图文件上选取相近色块，它对普通矢量图对象无效。

魔术棒属性 配合魔术棒工具使用，用来设置选取范围内邻近像素颜色的相近程度和选取边缘的光滑程度。

【实例】为花换背景

【目的】了解魔术棒工具 和魔术棒属性 的使用方法。

【操作过程】

（1）导入到舞台一张图中，并使用任意变形工具调整图片大小，使图片平铺整个舞台，然后使用"修改" ｜ "分离"命令将位图打散，如图2-38所示。

图2-38　分离后的图像

（2）单击魔术棒工具 🪄，再单击魔术棒属性 🪄，在弹出的"魔术棒设置"对话框对魔术棒进行设置，如图2-39所示。

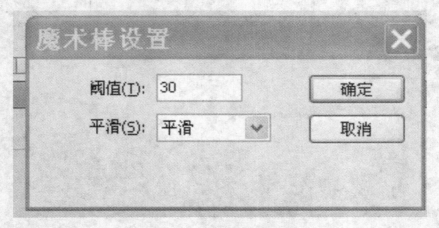

图2-39　魔术棒属性设置面板

（3）在图片的黑色背景处点击，利用魔术棒选中"部分背景删除"，重复这一操作，直到将所有黑色背景都删掉，如图2-40所示。

图2-40　删除黑色背景

（4）将舞台背景设置成其他颜色，则效果如图2-41所示。

图2-41　设置新背景

这样，两朵漂亮的花就可为我所用了。

    Flash CS4中提供了一个新的工具，即骨骼工具，如今的Flash CS4中可以像3D软件一样，为动画角色添加上骨骼，可以很轻松地制作各种动作的动画了。Flash CS4 Professional 中的另一新增功能是它可以在三维空间中创建二维动画对象，此时需要用到3D工具，关于骨骼工具和3D工具的使用将会放在第4章介绍。

    在Flash中的修改菜单中提供了很多关于Flash对象的操作，如图2-42所示。

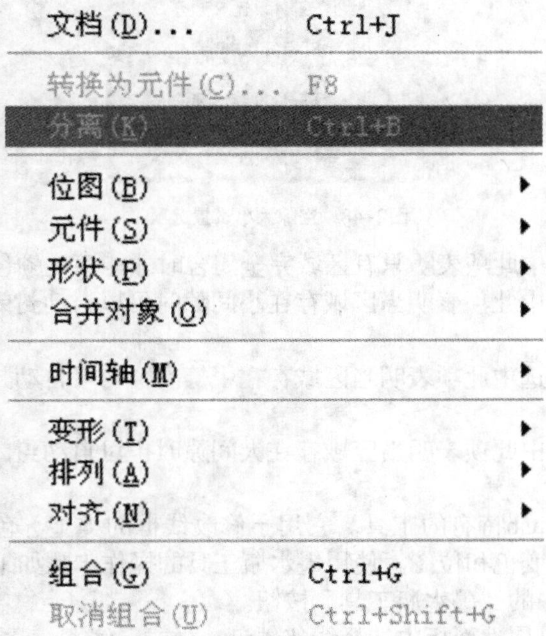

文档 (D)...	Ctrl+J
转换为元件 (C)...	F8
分离 (K)	Ctrl+B
位图 (B)	▶
元件 (S)	▶
形状 (P)	▶
合并对象 (O)	▶
时间轴 (M)	▶
变形 (T)	▶
排列 (A)	▶
对齐 (N)	▶
组合 (G)	Ctrl+G
取消组合 (U)	Ctrl+Shift+G

图2-42 Flash中的修改菜单

    其中的文档菜单项用于修改文档属性；转换为元件能够实现将正在操作的对象转换为元件；分离操作能够实现将组合对象拆散为单个对象，还可以将对象打散成像素点进行编辑；位图能够实现位图转换操作；元件可以实现复制或转换为元件操作；形状操作能够对形状进行平滑、优化等操作；合并对象实现对象的联合、打孔、交集、裁剪等操作；时间轴将完成对动画制作中的帧和图层的相应设置；变形、排列、对齐能够实现对图形对象的相应变换操作；组合能够将若干个对象组合成一个对象操作。使用这些操作能够方便我们对相应内容的修改。

2.2.4 颜色工具

    在Flash中，颜色填充是独立于笔触的对象。Flash CS4中的填充工具主要包括颜料桶工具、滴管工具、刷子工具和Deco绘画工具等。

1. 颜料桶工具

    Flash CS4中将颜料桶工具🖾和墨水瓶工具🖾合并成颜料桶工具。

    颜料桶工具🖾的作用是使用颜色填充封闭区域。无论是空白区域还是已有颜色的区域，它都可以填充。填充时可以使用单色、渐变色和位图图像。颜料桶工具操作步骤如下：

    （1）单击工具箱中的"颜料桶工具"按钮。

（2）在工具箱的颜色区中选择填充颜色。

（3）在某个区域中单击鼠标的左键，即可对该区域进行填充。

我们可以对填充的间隙大小进行设置。颜料桶工具的空隙大小 选项有4项，如图2-43所示。

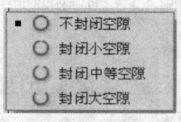

图2-43　空隙大小设置选项

·不封闭空隙：选中此项表明只有区域完全闭合时才能填充颜色。

·封闭小空隙：选中此项表明当区域存在小间隙时可以自动封闭，并填充有小间隙的区域。

·封闭中等空隙：选中此项表明当区域存在中等间隙时可自动封闭，并填充有中等间隙的区域。

·封闭大空隙：选中此项表明当区域存在大间隙时也可自动封闭，并填充有大间隙的区域。

墨水瓶工具 是Flash特有的工具。它用于修改线框的类型、色彩和宽度，但是只能应用纯色，不能应用渐变色和位图。使用墨水瓶工具的操作步骤如下：

（1）单击工具箱中的"墨水瓶工具"按钮。

（2）从墨水瓶工具属性面板中选择线条颜色、样式、线宽。

（3）单击图形对象的线框。

2.　滴管工具

滴管工具用于从现有的形状或线条中取得样式和颜色，并可立即应用到其他的形状或线条。此外，滴管工具还可以吸取外部的位图图像作为填充内容。使用滴管工具的操作步骤如下：

（1）选择工具箱中的"滴管工具"，单击要复制并且应用到其他对象上的边框或者填充区。当单击边框时，滴管工具将会变成 形状；而单击填充区时，滴管工具则将会变成 形状。

（2）在其他对象的边框或者填充区域内单击鼠标左键，则新的属性将被应用到边框或者填充区。

3.　刷子工具

在Flash CS4中，将刷子工具 和喷涂刷工具 合并成刷子工具 。应用刷子工具可以像现实生活中的刷子涂色一样创建绘画效果。

（1）刷子工具 可以利用画笔的各种形状给各种物体涂抹颜色。

使用刷子工具的操作步骤如下：

① 单击"刷子工具"按钮 。

② 在弹出的"刷子工具"的属性面板中选择填充颜色。

③ 在工具箱的选项区刷子工具有特定选项设置，如图2-44所示。

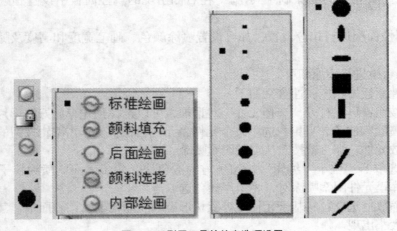

图2-44 刷子工具的特定选项设置

其中的 表示刷子模式，共有5种涂色模式，该5种模式的具体意义如下：

· 标准绘画：在同一层的线条和填充上以覆盖方式填充相应颜色。

· 颜料填充：对填充区域和空白区域涂色，其他部分如边框不受影响。

· 后面绘画：在舞台上同一层的空白区域涂色，但不影响原有的线条和填充。

· 颜料选择：在选定区域内进行涂色，未被选中的区域不能够涂色。

· 内部绘画：在内部填充上绘图，但不影响线条。如果在空白区域中开始涂色，该填充不会影响任何现有填充区域。

④ 选择其中一种刷子模式，并在选项区中选择一种刷子大小和刷子形状。

⑤ 在舞台中拖动刷子，就可以绘制图形。

（2）在工具箱面板中选择喷涂刷工具时，喷涂刷工具选项将显示在属性面板中，如图2-45所示。对喷涂刷工具的操作步骤如下：

图2-45 喷涂刷属性面板

① 单击工具箱中的喷涂刷工具 ，在右侧出现的属性面板中设置相应的喷涂刷属性。

② 在属性面板进行相应设置，如可设置喷涂颜色、画笔宽度和高度及随机缩放等相应设置。

③ 在舞台中进行喷涂即可。

喷涂属性面板的相应属性含义如下：

·编辑按钮：可以打开"选择元件"对话框，可以选择预先存放好的影片剪辑或图形元件以用作喷涂刷粒子，当用户选中某个元件，元件名称将显示在编辑按钮的旁边。如果没有预先存放元件，那么就按默认点状图案喷涂。

·颜色选取器：位于"编辑"按钮下方的颜色块，用于喷涂刷喷涂粒子的填充色设置。当使用库里元件图案喷涂时，将禁用颜色选取器。

·随机缩放复选框：将基于元件或者默认形态的喷涂粒子喷在画面中，其笔触的颗粒大小呈随机大小出现。

·旋转元件：编辑舞台定位一个轴心，喷涂刷将会默认该轴心为中心点，喷涂中旋转元件笔触。

·随机旋转：喷涂刷围绕一个画面轴心，随机产生旋转角度来进行喷涂描绘。

·画笔宽度：表示喷涂笔触（即选用喷涂刷工具并且一次点击编辑舞台时的笔触形状）的宽度值。

·画笔高度：表示喷涂笔触的高度值。

4. Deco绘画工具

使用Deco绘画工具 可以对舞台上的选定对象实现特定效果的填充。在选择Deco绘画工具后，可以从属性面板中选择效果。Flash提供3种效果可供选择，分别是对称效果、网格填充效果和藤蔓式填充效果。

（1）应用对称效果。

使用对称效果，可以围绕中心点对称排列元件。在舞台上绘制元件时，将显示一组手柄。可以使用手柄，通过增加元件数、添加对称内容或者编辑和修改效果的方式来控制对称效果。使用对称效果可以用来创建圆形用户界面元素和旋涡图案。对称效果的默认元件是 25×25 像素、无笔触的黑色矩形形状，如图2-46所示。

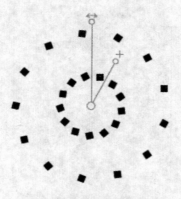

图2-46　应用对称效果

当我们选中Deco绘画工具 ，属性面板的设置如图2-47所示。

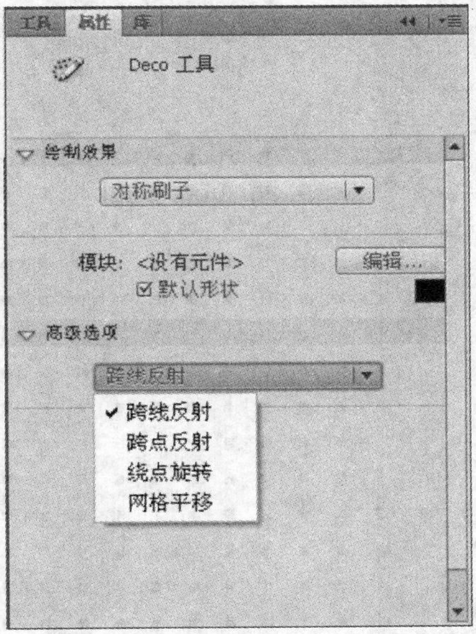

图2-47 对称效果的属性设置

其中的高级选项含义如下：

·跨线反射：跨可指定的不可见线条等距离翻转形状。

·跨点反射：围绕指定的固定点等距离放置两个形状。

·绕点旋转：围绕指定的固定点旋转对称中的形状。默认参考点是对称的中心点。若要围绕对象的中心点旋转对象，可按圆形运动进行拖动。

·网格平移：使用对称绘制的形状创建网格。每次在舞台上单击"Deco"工具都会创建形状网格。可使用由对称手柄定义的x和y坐标调整这些形状的高度和宽度。

在其下方有一测试冲突复选框，如图2-48所示。其含义是：当选中此复选框后，不管如何增加对称效果内的实例数，都可防止绘制的对称效果中的形状相互冲突。若不选，则会将对称效果中的形状重叠。

可以将库中的任何影片剪辑或图形元件与对称效果一起使用。通过这些基于元件的粒子，可以对在Flash中创建的插图进行多种创造性控制。

（2）应用网格填充效果。

使用网格填充效果。能够实现使用库中的元件填充舞台、元件或封闭区域。将网格填充绘制到舞台后，如果移动填充元件或调整其大小，则网格填充将随之移动或调整大小。

使用网格填充效果可创建棋盘图案、平铺背景或用自定义图案填充的区域或形状。对称效果的默认元件是 25×25 像素、无笔触的黑色矩形形状，显示效果如图2-49所示。

在其属性面板中的高级选项用以改变填充图案，如图2-50所示。其中：

·水平间距：用于指定网格填充中所用形状之间的水平距离（以像素为单位）。

·垂直间距：用于指定网格填充中所用形状之间的垂直距离（以像素为单位）。

·图案缩放：可使对象同时沿水平方向（沿x轴）和垂直方向（沿y轴）放大或缩小。

（3）应用藤蔓式填充效果。

使用藤蔓式填充效果，可以用藤蔓式图案填充舞台、元件或封闭区域。通过从库中选择元件，可以替换当前制作的叶子和花朵的插图。生成的图案将包含在影片剪辑中，而影片剪辑本身包含组成图案的元件。其填充效果如图2-51所示。

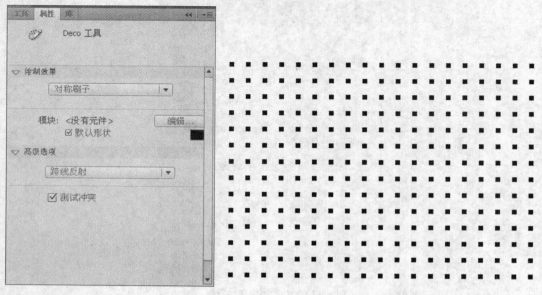

图2-48　选择测试冲突　　　　　　　　　　　　　　图2-49　网格填充效果

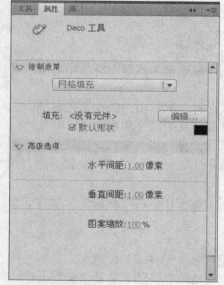

图2-50　网格填充的属性设置

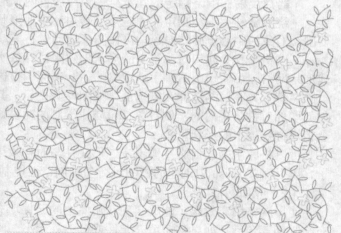

图2-51　藤蔓式填充效果

可以使用属性面板中的高级选项来设置填充图案，如图2-52所示。其中：

·分支角度：指定分支图案的角度。

·分支颜色：指定用于分支的颜色。

·图案缩放：该操作会使对象同时沿水平方向（沿x轴）和垂直方向（沿y轴）放大或缩小。

·段长度：定义叶子节点和花朵节点之间的段的长度。

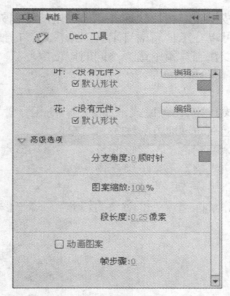

图2-52 藤蔓式填充的属性设置

在属性面板中还包括动画图案复选框，用于指定效果的每次迭代都绘制到时间轴中的新帧。在绘制花朵图案时，此选项将创建花朵图案的逐帧动画。可以通过测试影片查看生成的动画效果，也可以将其发布成SWF文件。其中的帧步骤用来指定绘制效果时每秒要横跨的帧数，其效果如图2-53所示。

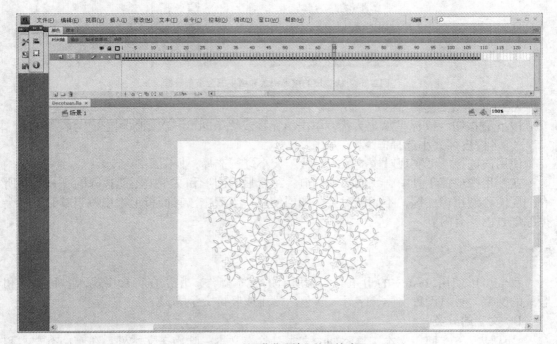

图2-53 实现藤蔓式填充的逐帧动画

5. 橡皮擦工具

在Flash CS4中使用橡皮擦工具可以快速擦除舞台中的任何矢量对象，包括笔触和填充区域。在使用该工具时，可以在工具箱中自定义擦除模式，以便只擦除笔触、多个填充区域或单个填充区域；还可以在工具箱中选择不同的橡皮擦形状。橡皮擦的相应设置都放在橡皮擦工具的选项设置中，有3种设置：

（1）擦除模式。

设置橡皮擦的擦除模式，共有5种模式，如图2-54所示，含义如下：

·标准擦除：擦除鼠标拖动过地方的线条与填充。

·擦除填色：仅仅擦除填充物，不影响线条。

·擦除线条：仅仅擦除线条，不影响填充物。

·擦除所选填充：只能擦除选中的填充。

·内部擦除：仅能擦除鼠标起点处的对象的填充。不影响线条，如果起点处空白，则什么都不会被擦除。

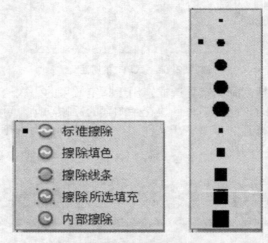

图2-54　橡皮擦的擦除模式和橡皮擦大小选择框

（2）水龙头　。

按下　按钮，鼠标呈水龙头状，单击填充物或线条即可一次擦除相应内容。

（3）橡皮擦大小选择框　。

使用该选择框可实现对橡皮擦的形状、大小进行选择，如图2-54所示。

在使用橡皮擦工具中，我们必须知道：组合后的图形和文字是不能擦除的；只能对所有图层内容使用橡皮擦，不能针对某一图层使用；当双击工具面板上橡皮擦工具时，将会擦除场景内所有内容。

2.2.5　文本工具

我们可以使用Flash中的 T 工具实现所有的文本操作。用于在舞台中输入各种格式和版式的文字，可以设置字体、字号、颜色、横排或竖排文字等。

1. 文字的分类

默认情况下，使用文本工具添加的文本是静态文本。除静态文本外，还有动态文本和输入文本两种文本类型。静态文本的内容是不能在影片播放时进行更改的，所有静态文本不具备对象的基本特征，它没有自己的属性和方法；动态文本的内容可以在影片播放时使用动作脚本改变，它可以称为真正的对象，有自己的属性和方法，有关使用方法将在第6章中介绍；输入文本不但具有动态文本的特点，其内容还可以通过手动输入，非常灵活，用户可直接设置实现其效果。

2. **编辑文字**

当我们点击 **T** 工具时，在相应的属性面板的文本类型下拉列表框中会指示这是一个静态文本，如图2-55所示。

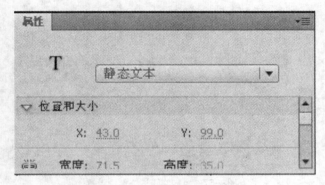

图2-55 文本类型下拉列表框

在如图2-56所示的属性面板中，我们可以通过选择下拉列表框的不同选项来实现选择动态文本和输入文本。所有这些文本都可以进行诸如设置文字的字体、字号、颜色、粗体和斜体；设置段落的对齐、缩进、行间距和各种边距等段落属性操作。我们可以指定静态文本的方向和旋转、设置字符的相对位置，使用设备字体等操作。还可以通过在属性面板的选项卡中的链接文本框中输入链接地址或电子邮件地址为指定文本加上超链接或电子邮件链接。

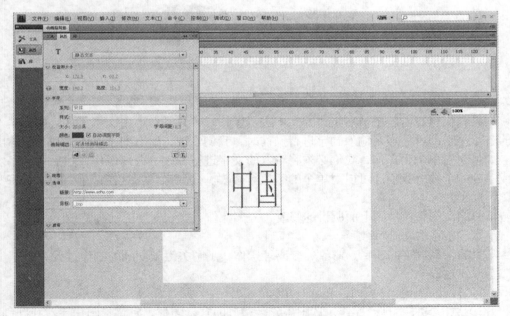

图2-56 静态文本的属性设置

当我们为静态文本设置超链接或电子邮件链接时，其目标下拉列表框中相应选项的具体含义为：

- _blank：在一个新窗口中打开链接到的网页。
- _parent：在包含该链接的父窗口中打开网页。
- _self：在同一窗口打开网页，默认情况。
- _top：在顶层窗口显示网页。

我们还可以为文本添加滤镜效果，如图2-57所示。

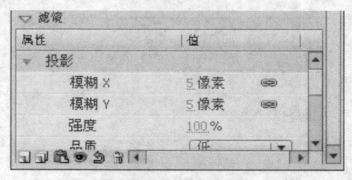

图2-57 添加滤镜属性面板设置

我们通过在属性面板中的滤镜选项中选择投影滤镜实现了图2-58的效果，还可以对文字实现模糊滤镜、发光滤镜、斜角滤镜、渐变发光滤镜、渐变斜角滤镜和调整颜色等文字特效。不同的滤镜属性不同，可在滤镜的属性选项中进行相应的设置，得到的效果各不相同。

图2-58 文字的滤镜效果

如果我们想对由若干个字组成的文本进行操作时，只需在点击文本工具后连续输入想要的若干个字即可。当对输入的字进行操作时，我们发现，所有的字是作为一个整体出现的。如果想对单个字操作，我们必须将输入的文字进行修改、分离操作，然后每个字才能变成单独的个体；我们还可以对单个的字执行修改、分离操作，这样，单个的字就将变成位图字体了。

下面的实例将应用到上面所讲的修改、分离操作，实现对字的动画特效。

【实例】字的动画特效

【目的】掌握字的编辑、修改、分离等操作，了解关键帧动画的制作过程。

【操作过程】

（1）打开Flash操作界面，新建一个Flash文件，将舞台背景设为默认。

（2）点击文件、打开操作，选中事先准备好的背景图片，将背景图片导入到舞台。

（3）使用任意变形工具调整背景图片的大小，使背景图片能够铺满整个舞台，如图

2-59所示。

图2-59 初始背景

（4）新建一个图层，并将背景所处图层锁住，以防止对背景误操作。

（5）在新图层中，选中矩形工具，打开颜色面板，在类型下拉列表中选择线性。单击颜色面板中最左面的颜色游标，将它的Alpha值设置成0%，在颜色定义栏中间位置添加一颜色游标，将其颜色的Alpha值也设置成0%，将最右边的颜色设置成白色，并将其Alpha值设置成100%，如图2-60所示。

图2-60 颜色设置面板

（6）在图层中按照舞台大小绘制一个颜色为线性填充的矩形，如图2-61所示。

图2-61 绘制矩形的效果

（7）在舞台的右面写上相应的字，如图2-62所示。

图2-62 文字的效果

（8）使用修改、分离工具将文字分离成单个汉字，如图2-63所示。

图2-63　分离文字的效果

（9）打开时间轴面板，在两个图层的第30帧处插入关键帧，复制第1帧到第30帧处。

（10）在第5帧、第10帧、第15帧、第20帧、第25帧处依次插入关键帧（注意两个图层都要插入关键帧），并将图层2中的汉字依次拖曳到舞台的相应位置，如图2-64所示。

图2-64　设置文字的效果

（11）选择控制、测试影片菜单测试动画，观看最后的效果。我们还可以修改上图的动画，增加字的其他效果。

（12）在第55帧处插入关键帧，将第30帧复制到第50帧，将第30帧转换为普通帧。

（13）在第25帧处选中文字中的第一个字，将其使用修改、分离命令变成位图，然后在第26帧到第30帧处依次插入关键帧，在这每一帧处对该文字使用橡皮擦工具按笔画顺序一一擦除，直到第30帧将该字完全擦掉，如图2-65所示。

图2-65　文字的擦除效果设置

（14）重复前一步骤，直到所有的文字都被擦掉，如图2-66所示。

图2-66　最终的效果

（15）再次选择控制、测试影片菜单测试动画，观看最后的效果，如图2-67所示。

图2-67　发布后的最终效果

2.2.6　查看工具

查看工具指能够在舞台或工作区中进行缩放和移动的工具，包括手形工具和缩放工具。手形工具可以移动舞台。当画面尺寸非常大，工作区域不能完全显示舞台中的内容时，可以使用手形工具调整画面。但舞台中对象的实际坐标或相对坐标没有改变。

利用缩放工具可以缩小和放大舞台，以满足我们的具体要求。

2.2.7　附加选项

从上面关于绘图工具和颜色填充工具的学习和应用中我们可以看出，使用不同的工具，对应的附加选项各不相同，如刷子工具的附加选项中有刷子模式、刷子大小等相应选项设置；而铅笔工具有铅笔模式等设置选项。使用附加选项方便对该工具的若干功能的灵活应用，其作用是改变相应工具对图形的相应处理效果。

2.3　本章小结

本章是Flash中的操作基础。对Flash中的各种基本操作进行了详细的介绍。重点阐述了图形的绘制与编辑方法、颜色的填充与设置方法以及文本工具的属性设置与使用方法。

第3章　Flash基础动画

本章重点

- 了解动画制作的基本原理。
- 理解动画制作中的元件、库和实例的概念与操作方法。
- 理解时间轴与帧的操作方法。
- 掌握逐帧动画与补间动画的制作思想与制作方法。

　　动画是利用人的视觉暂留的原理，即人眼看到物体或画面后，在1/24秒内不会消失。利用这一原理，在一幅画没有消失之前播放下一幅画，就会给人造成流畅的视觉变化效果。故动画就是通过连续播放一系列静止画面，给视觉造成连续变化的效果。根据这一特点，在我们没有学习动画制作之前，我们必须了解动画制作必需的相关原理和知识。

3.1　元件、库和实例

　　元件是一种可在Flash中重复使用的媒体资源，库是存放元件的地方，而实例是场景上的元件的具体应用。这3种元素构成了Flash动画制作的基本要素。

3.1.1　元件

　　元件是Flash制作中比较常用的对象，它是指在 Flash中创建过的图形、按钮或影片剪辑。我们可在整个文档或其他文档中重复使用该元件，并且不会显著增加文件的大小。

　　元件包括图形、影片剪辑和按钮3种。

　　1. 图形元件

　　图形元件一般用于表现静态的图形。它不支持交互图像，也不能添加声音，是3种元件类型中最基本的类型。

　　2. 影片剪辑元件

　　影片剪辑元件表示影片中的某一部分片段，它可以是静态的图形内容，也可以是一段包含脚本动作、其他元件和声音等的动画，如图3-1所示。影片剪辑具有独立的时间轴，如果主场景中存在影片剪辑，即使主电影的时间轴已经停止，影片剪辑的时间轴仍可继续播放。

　　3. 按钮元件

　　按钮元件主要用于建立交互按钮。按钮的时间轴带有特定的4帧，用来描述按钮的状态，分别是弹起帧、指针经过帧、按下帧和点击帧，如图3-2所示。弹起帧描述鼠标不在按钮上时的状态；指针经过帧描述鼠标移动到按钮上时的状态；按下帧描述鼠标单击按钮时的按钮状态；点击帧用于设置对鼠标动作做出反应的区域。

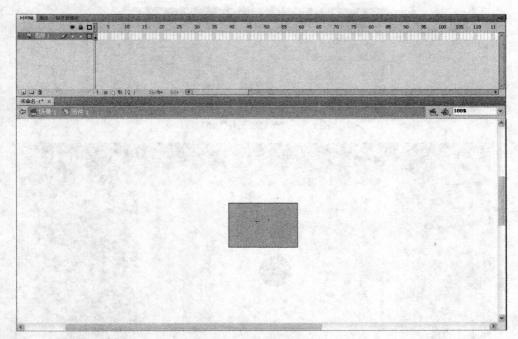

图3-1 影片剪辑元件

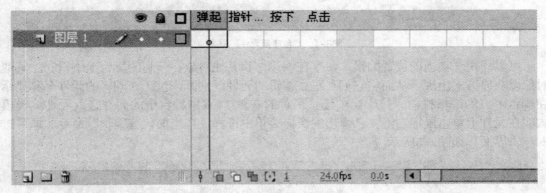

图3-2 按钮元件设置界面

3.1.2 元件操作

1. 创建元件

执行"插入"菜单下的"新建元件"命令，或使用快捷键Ctrl+F8，弹出"创建新元件"对话框，如图3-3所示。在"类型"中选择元件的类型，在"名称"文本框中输入元件的名字，单击"确定"按钮。在元件编辑区创建元件的内容，如图3-4所示。该元件就进入元件库了，在库中将该元件拖入场景中即可供我们使用了。

2. 编辑元件

对元件进行编辑的方法很多，可根据需要选择不同的编辑模式。但由于元件可在多处重复使用，进入元件编辑界面修改元件后，所有相同的元件都将随之改变。Flash提供了几种方式来编辑元件。

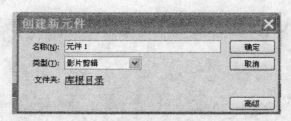

图3-3 "创建新元件"窗口

图3-4 "创建新元件"界面

可以使用"在当前位置编辑"命令在该元件和其他对象在一起的舞台上编辑它。其他对象以灰显方式出现，从而将它们和正在编辑的元件区别开来。正在编辑的元件名称显示在舞台上方的编辑栏内，位于当前场景名称的右侧。 双击舞台中的元件进入元件编辑模式或在元件上单击鼠标右键，从弹出的快捷菜单中选择"在当前位置编辑"命令，即可进入编辑界面，如图3-5所示。

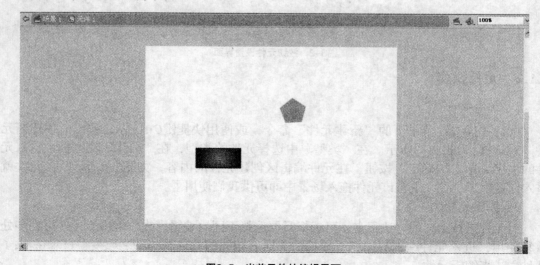

图3-5 当前元件的编辑界面

也可以使用"在新窗口中编辑"命令在一个单独的窗口中编辑元件。方法是：右击元件，选择"在新窗口中编辑"命令，在单独的窗口中编辑元件使您可以同时看到该元件和主时间轴。正在编辑的元件名称会显示在舞台上方的编辑栏内，如图3-6所示。

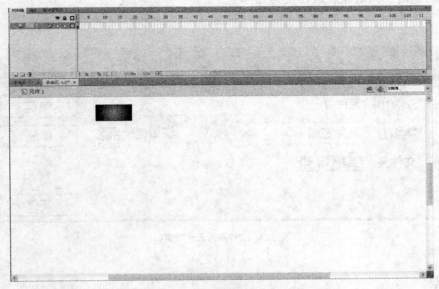

图3-6　使用"在新窗口中编辑"命令编辑元件

使用元件编辑模式，可将窗口从舞台视图更改为只显示该元件的单独视图来编辑它。正在编辑的元件名称会显示在舞台上方的编辑栏内，位于当前场景名称的右侧，如图3-7所示。其方法是：右击元件，选择"编辑"命令或打开库面板，在库面板中双击元件预览图即可。

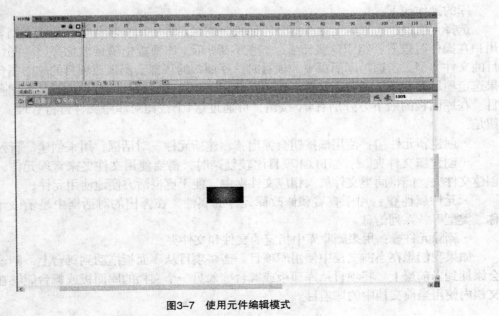

图3-7　使用元件编辑模式

3. 转换成元件

选取当前绘制好的整个对象，执行"修改"菜单下的"转换为元件"命令，弹出"转换为元件"对话框，如图3-8所示，在其中输入元件的名字并确定元件的类型，单击"确定"按钮。这时，该对象就被转换为元件了。

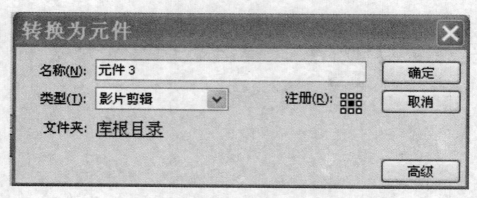

图3-8 "转换为元件"窗口

3.1.3 库

在之前内容中已经提到过库，Flash中的库存储了在Flash创作环境中创建或在文档中导入的媒体资源。它是使用Flash进行动画制作时一种非常有力的工具，使用库可省去很多重复操作和其他一些不必要的麻烦。当用户创建元件时，系统会自动将元件放入文档库中以便使用。Flash的库包括两种，一种是当前编辑文件的专用库（我们通常所说的库），另一种是Flash中自带的公用库。

库的操作如下：

选择"窗口"｜"库"命令打开库面板。它显示库中所有项目名称的滚动列表，允许用户在操作时查看和组织这些元素，如图3-9所示。库面板中项目名称旁边的图标指示项目的文件类型。当选择库面板中的项目时，库面板的顶部会出现该项目的缩略图预览。如果选定项目是动画或者声音文件，则可以使用库预览窗口或控制器中的播放按钮预览该项目。在库面板的最下方分别有4个按钮，可通过这4个按钮对库中文件进行管理。这4个按钮是：

·创建新元件▣：使用该按钮会弹出"创建新元件"对话框，用来创建一新元件。

·创建新文件夹▣：当Flash项目比较复杂时，需要使用文件夹来管理元件，在库中创建文件夹，能将同类文件放入相应文件夹中，便于更灵活方便地使用元件。

·元件属性◎：用于查看和修改库元件的属性，在弹出的对话框中显示该元件的名称、类型等一系列信息。

·删除元件▣：用来删除库中指定的文件和文件夹。

如果我们想在当前文档中使用库项目，需将项目从库面板拖动到舞台上，则该项目就会添加到当前层上。将项目从库面板或舞台拖入另一个文档的库面板或舞台能够在另一个文档内使用当前文档中的库项目。

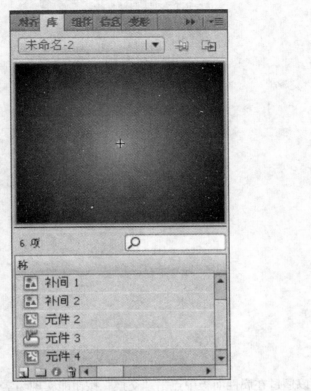

图3-9　库面板

3.1.4　实例

实例是指应用于舞台上的元件或嵌套在另一个元件内的元件副本。实例可以与创建它的元件在颜色、大小和功能上有差别。我们只要编辑元件就会更新它的所有实例，但对元件的一个实例进行相应改变则只更新该实例。

1.　创建元件的实例

创建元件之后，我们就可以在Flash文档中的任何地方（包括在其他元件内）创建该元件的实例。当元件被修改时，Flash会自动更新元件的所有实例。我们可以在属性面板中为实例提供名称，这样就可以在脚本中使用实例名称来引用并控制实例。创建元件的具体方法如下：

（1）首先需要在时间轴上选择一层。Flash只可以将实例放在关键帧中，并且总在当前图层上。如果没有选择关键帧，Flash会将实例添加到当前帧左侧的第一个关键帧上。

（2）其次选择"窗口"｜"库"命令，选中想用的元件。将该元件从库中拖到舞台上就完成了对实例的创建。

2.　编辑实例属性

每个元件实例都各有独立于该元件的属性。可以更改实例的色调、透明度和亮度；重新定义实例的行为（例如，把图形更改为影片剪辑）；并可以设置动画在图形实例内的播放形式。也可以倾斜、旋转或缩放实例，这并不会影响元件。要编辑实例属性，需要通过如图3-10所示的属性面板来更改。

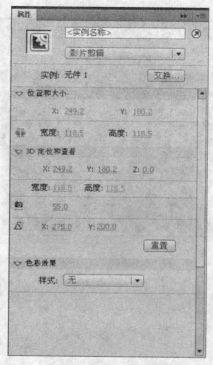

图3-10　"实例属性"面板

　　我们还可以通过在属性面板中点击"交换"按钮能实现为实例分配不同元件的操作。应用该方法能够在舞台上显示不同的实例并保留所有的原始实例属性。

　　3. 实例操作

　　我们可以在另一库面板中将与待替换元件同名的元件拖到正编辑的Flash文件的库面板中，然后单击替换即可实现替换元件的所有实例；也可以通过选择修改、分离操作来分离实例实现更改实例的属性而不影响任何同一元件的其他实例，即该实例与相关元件直接的链接通过分离而断开。

3.2　图层与时间轴操作

　　图层就像一层透明的纸一样，可以在舞台上一层层地向上叠加。可以在某一图层上绘制和编辑对象，而不会影响其他图层上的对象。对图层的具体操作放在时间轴面板中，如图3-11所示。

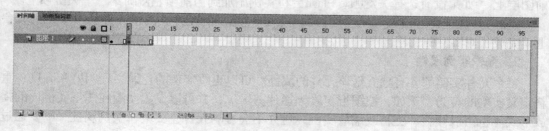

图3-11　"时间轴"面板

从上图可以看出，时间轴用于组织和控制文档内容在一定时间内播放的层数和帧数，主要由图层、帧和播放头构成。图层在时间轴左侧的列中。每个图层中包含的帧显示在该图层名右侧的一行中。该行上面的数字描述时间轴中帧的编号。播放头指示当前在舞台中显示的帧。播放文档时，播放头从左向右通过时间轴。在时间轴底部会显示当前播放头所播放的帧编号、当前帧频和当前运行时间。

3.2.1　图层操作

若要对图层进行编辑或修改，需要在时间轴中选择该图层以激活它。时间轴中图层或文件夹名称旁边的笔形图标表示该图层或文件夹处于活动状态。一次只能有一个图层处于活动状态（尽管一次可以选择多个图层）。

当创建了一个新的Flash文档之后，它仅包含一个图层。可以点击▣或右键选择插入图层来添加更多的图层，以便在文档中组织插图、动画和其他元素。可以创建的图层数的增加不会增加发布后的SWF文件的大小。只有将对象放入图层中才会增加文件的大小。可以点击 👁 隐藏、点击 🔒 锁定或通过拖曳相关图层重新排列图层。也可以通过点击 🗑 来删除多余图层。

还可以通过点击▢创建图层文件夹，然后将图层放入其中的方法来组织和管理这些图层。可以在时间轴中展开或折叠图层文件夹，而不会影响在舞台中看到的内容。在应用时，往往将声音文件、ActionScript脚本、帧标签和帧注释等分别使用不同的图层或文件夹来描述。这有助于对当前Flash项目的编辑和查找。

另外，使用特殊的引导层可以使绘画和编辑变得更加容易，而使用遮罩层可以帮助人们创建复杂的效果。这一部分将在第4章介绍。

3.2.2　时间轴操作

在对时间轴的操作中，对帧的操作是非常频繁的。Flash中提供了帧的各种形式。

1. 普通帧

与关键帧保持相同的内容的帧即为普通帧，最后带黑框的单元格表示普通帧中的结束帧，如图3-12所示。

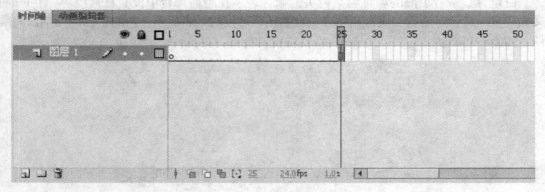

图3-12　普通帧状态

在普通帧中，存在着起过渡作用的中间帧，它们也属于普通帧，比较重要的有我们在制作补间动画（稍后介绍）时用到的补间帧，包括动作补间帧和形状补间帧。

（1）动作补间帧：蓝色背景带有黑色箭头的帧为动作补间帧，描述动作补间的中间状态，如图3-13所示。

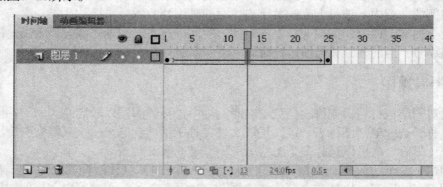

图3-13　动作补间帧状态

（2）形状补间帧：绿色背景带有黑色箭头的帧为形状补间帧，描述形状补间的中间状态，如图3-14所示。

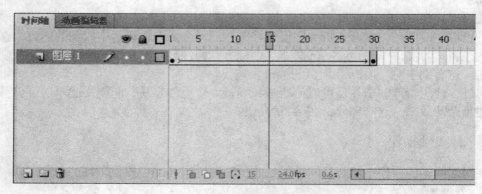

图3-14　形状补间帧状态

2. 空白关键帧

白色背景带有黑圈的帧称为空白关键帧。表示在当前舞台中没有任何内容，在Flash文档建立的最初，当我们没有在舞台上绘制任何内容时，当前第一帧的状态即为空白关键帧，如图3-15所示。

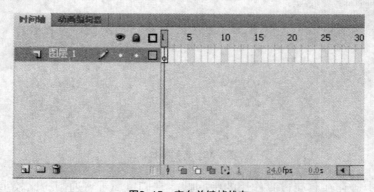

图3-15　空白关键帧状态

3. 关键帧

在时间轴中，灰色背景带有黑点的帧即为关键帧。表示在舞台中存在一个与之对应的内容，如绘制图形、创建对象等，如图3-16所示。

图3-16　关键帧状态

在Flash CS4中，我们还可以创建如图3-17所示的关键帧，其地位和作用与传统补间动画中关键帧是相同的。

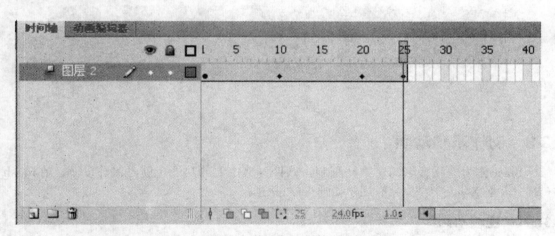

图3-17　补间动画关键帧状态

如果帧上出现虚线，表示未完成或中断了的补间动画，虚线表示补间不能够生成，如图3-18所示。

我们可以在某一帧处设置动作语句，用来实现对动画的交换控制操作，带动作语句的帧必须是关键帧，其形态如图3-19所示。

我们也可以给帧设置标注标签，用来记录该帧的名字，从而方便我们更好地定位和使用相应帧，如图3-20所示。关于帧标签的使用在第8章和第9章中都有涉及。

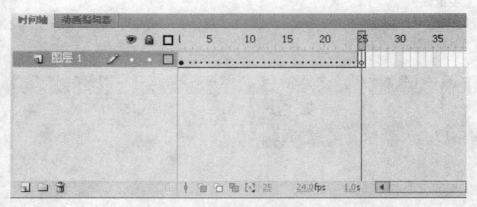

图3-18　未完成或中断了的动画状态

图3-19　带动作的帧形态

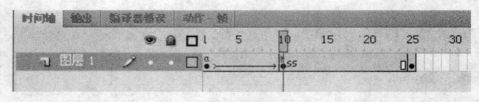

图3-20　帧标签

3.3　制作基础动画

Flash作为一款著名的二维动画制作软件，最主要的功能也就是制作动画。在Flash CS4中，基本动画类型主要有逐帧动画和补间动画。

3.3.1　逐帧动画

逐帧动画也叫帧帧动画，即我们需要定义每一帧动画的内容，也就是说每一帧都是关键帧。所以比较适合于图像在每一帧中都在变化而不仅是在舞台上移动的复杂动画。由于每一帧都是关键帧，相对而言，它比补间动画速度要快。

【实例】制作一闪一闪的小星星

【目的】掌握逐帧动画的制作方法。

【操作过程】

（1）我们可以使用第2章中介绍的星星、月亮实例，也可以自己新建一文档。这里我们使用第1章中的例子，如图3-21所示。

图3-21　星星、月亮背景效果

（2）在第2帧处插入关键帧，选中某一颗星星，选择颜色属性，将其填充色的Alpha值变成50%，其效果如图3-22所示。

图3-22　Alpha值设置成50%的效果

（3）在第3帧处插入关键帧，选中刚刚那颗星星，将其填充色的Alpha值变成0%，其效果如图3-23所示。

图3-23　Alpha值设置成0%的效果

（4）在第4帧处插入关键帧，将该星星填充色的Alpha值变成50%，其效果如图3-24所示。

图3-24　Alpha值重新设置成50%的效果

（5）在第5帧处插入空白关键帧，然后在第1帧处右键选择复制帧，在第4帧处选择粘贴帧，就可实现将第1帧的内容复制到第4帧处，即将原始画面重现，如图3-25所示。

图3-25　复制后的效果

最后使用Ctrl+Enter测试影片，这样一颗忽明忽暗的星星就做成了。

（6）使用同样的方法不断地插入关键帧，将其他星星的Alpha值进行修改，即可实现黑夜中挂满闪烁星星的动画。

3.3.2　补间动画

由于逐帧动画需要制作每一帧的动画内容，故制作时既费时又费力，为了节省时间和精力，在某些连贯性的动画制作中，我们可以使用补间动画。所谓补间动画，又叫做中间帧动画，它通过定义动画某一部分的起点和终点的内容，其中间部分由Flash软件自动生成，省去了中间动画制作的复杂过程。在Flash中可供补间的对象类型可以是影片剪辑、图形、按钮元件以及文本对象。在Flash CS4中我们可以创建传统补间、形状补间和补间动画。

1.　传统补间

传统补间能够提供给用户某些希望使用的特点功能。在传统补间中，我们需要使用关键帧制作如位置移动、大小变化、旋转移动、颜色渐变等效果。

【实例】制作跳动的弹力球

【目的】掌握传统补间的制作方法。

【操作过程】

（1）新建一个Flash文档，选中"颜色"窗口，将类型改为放射状，选择任意颜色，使用椭圆工具在舞台中画一大小适中的正圆，如图3-26所示。

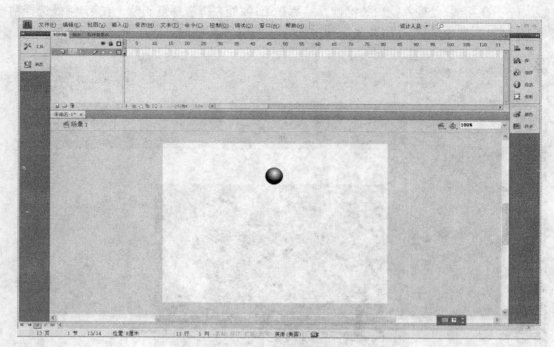

图3-26　绘制圆形的效果

（2）将刚刚画好的椭圆转变成图形元件。然后新建一个图层，在新图层中使用直线工具，在舞台下方画一水平直线，如图3-27所示。

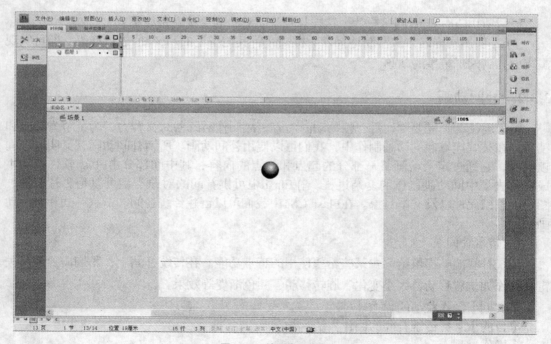

图3-27　绘制水平直线

（3）在图层1中的第20帧处插入关键帧，然后将小球元件垂直拖动到舞台下方处，使小球的下方边缘与直线重合，如图3-28所示。

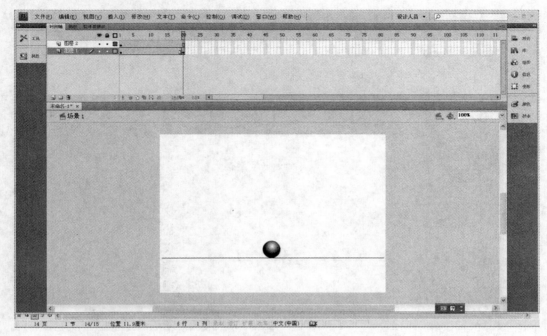

图3-28 小球下落的效果

（4）在图层1的第1帧到第20帧处单击鼠标右键选择创建传统补间，如图3-29所示。

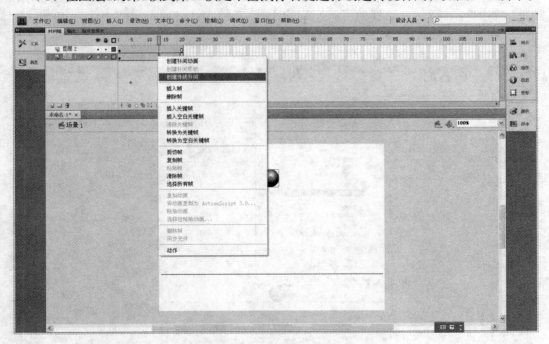

图3-29 创建传统补间设置

（5）在图层2的第25帧处插入帧，图层1的第25帧处插入关键帧，然后使用任意变形工具将小球变扁，并调整位置和大小，然后在第20帧到第25帧处创建传统补间，如图3-30

所示。

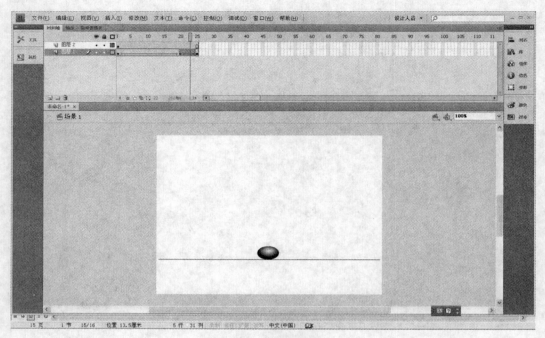

图3-30 压扁后的小球效果

（6）使用同样的方法在第30帧处创建关键帧和帧，然后将第20帧处的帧复制到第30帧处，如图3-31所示。这样就可将压扁的小球在5帧内恢复成正常的小球，如图3-32所示。

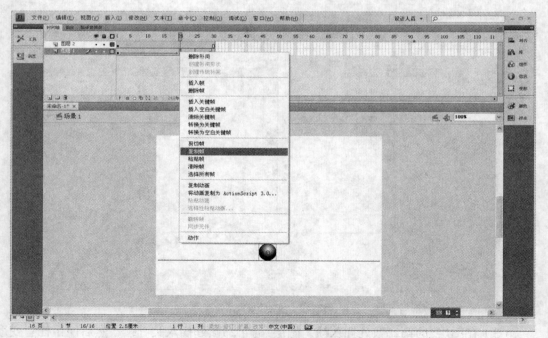

图3-31 复制20帧的效果

图3-32 恢复正常的小球效果

（7）在第50帧处插入帧和关键帧，使用同样的方法将第1帧的内容复制到第50帧处，并创建传统补间，即可将小球从最低处升至最高点，如图3-33所示。

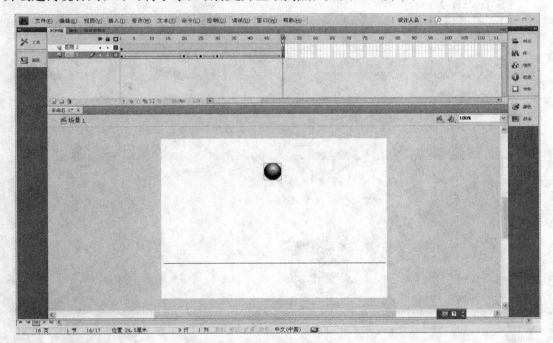

图3-33 到达最高点的小球效果

这样，一个不断匀速弹跳的小球就制作好了，而且当小球落地时，根据重力作用，小球将变扁。我们可以使用移动播放头或按Enter键预览小球移动的效果。

若想实现小球加速或减速下落的动画效果，可以通过向补间中添加缓动来实现。缓动是用于修改Flash计算补间中属性关键帧之间属性值的方法。如果不使用缓动，Flash在计算这些值时，会使对值的更改在每一帧中都一样。如果使用缓动，则可以调整对每个值的更改程度，从而实现更自然、更复杂的动画。缓动需要应用于补间。补间的最终效果是补间和缓动曲线中属性值范围组合的结果。

回到刚刚的小球弹跳的Flash文档中。

（8）选择某两个关键帧之间的某一个帧，然后在属性面板中的缓动字段中输入一个值。若输入一个负值，则在补间开始处缓动（加速）。若输入一个正值，则在补间结束处缓动（减速）。

（9）若想添加小球的选择效果，可以在属性面板中的旋转下拉列表中选择某种旋转效果并设置次数即可。

缓动和旋转的具体效果读者可自行练习。

2. 形状补间

形状补间动画描述形状或颜色等逐渐发生变化的动画。我们在制作形状补间时，需要在时间轴中的一个帧处绘制或插入一个矢量形状，在另一个特定帧上绘制另一个形状。然后，Flash将自动计算中间帧的中间过渡形状，创建一个形状变形为另一个形状的动画。形状补间中的对象只能是矢量图形；若对实例、组或位图图像进行形状补间，必须首先分离这些元素，将其变成矢量图形（文本需分离两次），然后才能进行补间。

【实例】老虎脸渐变小熊脸

【目的】掌握补间形状渐变的制作方法。

【操作过程】

（1）打开Flash文档，在第1帧中，使用各种绘图工具在舞台的左边绘制一个老虎脸的形状，如图3-34所示。

图3-34　老虎脸的效果

（2）选择同一图层的第30帧，然后通过选择菜单命令插入空白关键帧或按F7来添加一个空白关键帧。 在舞台右方，使用绘图工具在第30帧中绘制一个小熊脸，如图3-35所示。

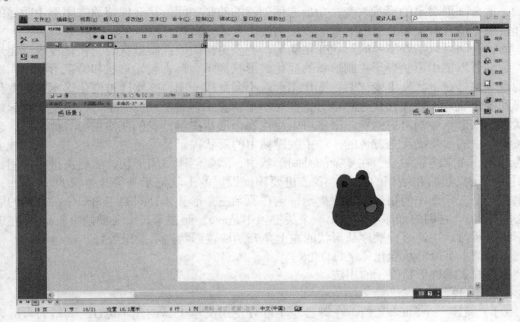

图3-35　插入小熊脸的效果

（3）在时间轴上，从位于包含两个形状的图层中的两个关键帧之间的多个帧中选择一个帧。 选择"插入" ｜ "补间形状"命令。 Flash将形状内插到这两个关键帧之间的所有帧中，如图3-36所示。

图3-36　实现补间的效果

（4）可以在时间轴中将播放头拖过这些帧，或按Enter键来预览动画。

（5）在该形状补间的属性面板中有对补间的相应设置，选择"混合"下拉列表。列表中有两个选项：分布式选项为默认选项，使用该方法创建的动画中间形状比较平滑和不规则，适合圆形对象的形状改变；角形选项创建的动画中间形状会保留原来图形中明显的角和直线。适合有尖角的图形对象。该实例使用默认分布式选项即可。

形状补间可以实现简单的形状变化动画，若要更精确地控制形状的变化过程或变化规律，我们可以使用形状提示控制形状的变化，形状提示会标志起始形状和结束形状中相对应的点。这样在形状发生变化时，变化图形就不会乱成一团，能够通过变化提示找到变化规律和变化轨迹，并在转换过程中分别变化。形状提示包含从a到z的字母，用于识别起始形状和结束形状中相对应的点。最多可以使用26个形状提示。我们在使用形状提示时，起始关键帧中的形状提示是黄色的，结束关键帧中的形状提示是绿色的，当不在一条曲线上时为红色。需要注意的是，在复杂的补间形状中，需要创建中间形状，然后再进行补间，而不要只定义起始和结束的形状。我们也要确保设置的形状提示是符合逻辑的。例如，如果在一个三角形中使用三个形状提示，则在原始三角形和要补间的三角形中，它们的顺序必须相同。它们的顺序不能在第一个关键帧中是abc，而在第二个关键帧中是acb；在进行形状提示时，按逆时针顺序从形状的左上角开始放置形状提示效果最好。

【实例】字母形状变化（字母D变S）

【目的】掌握形状提示的用法。

【操作过程】

（1）新建一个Flash文档，在舞台左半部分使用文本工具创建字母D，调整到合适大小。

（2）在舞台中单击鼠标右键选择"分离"命令，将创建的文字对象打散。注意，对于文字进行形状补间时必须使用分离命令将对象打散，效果如图3-37所示。

（3）在时间轴的第40帧处插入空白关键帧，在舞台右方使用文本工具创建字母S，并按照步骤（2）的方法将该字母分离，如图3-38所示。

（4）在时间轴上，从位于包含两个形状的图层中的两个关键帧之间的多个帧中选择一个帧。选择"插入"｜"补间形状"命令。Flash将形状内插到这两个关键帧之间的所有帧中，其效果如图3-39所示。

（5）选择补间形状序列中的第一个关键帧。选择"修改"｜"形状"添加形状提示命令。起始形状提示会在该形状的某处显示为一个带有字母a的红色圆圈。将形状提示移动到要标记的点。若未发现红色圆圈，则选择视图，显示形状提示，此时红色圆圈就出现了，如图3-40所示。

（6）选择补间序列中的最后一个关键帧。结束形状提示会在该形状的某处显示为一个带有字母a的绿色圆圈。将形状提示移动到结束形状中与标记的第一点对应的点处，如图3-41所示。我们可以使用Enter键预览动画效果，如果需要调整补间，则直接移动形状提示即可。

（7）重复上述过程，添加其他的形状提示（按字母表b、c等顺序）。直到对图形的描述结束，则完成对形状补间的形状提示过程。要想删除形状提示，选择修改形状、删除所有提示。如图3-42所示为初始关键帧和结束关键帧中图形的形状提示。

我们可以通过观察上述实例中一般形状补间创建的渐变中第15帧、第30帧处的补间效果和使用形状提示所创建的形状渐变中第15帧、第30帧处的效果看出形状提示对形状补间的作用，如图3-43和图3-44所示。

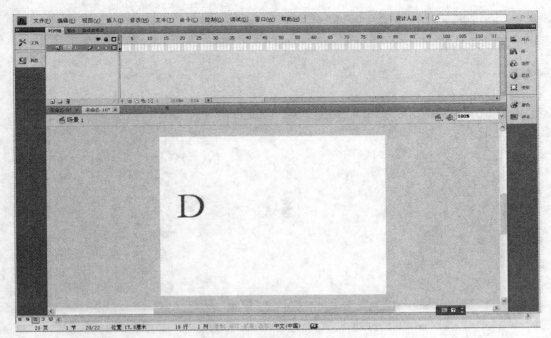

图3-37　创建字母D的效果

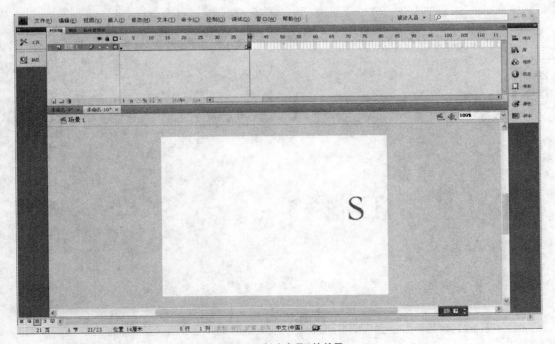

图3-38　创建字母S的效果

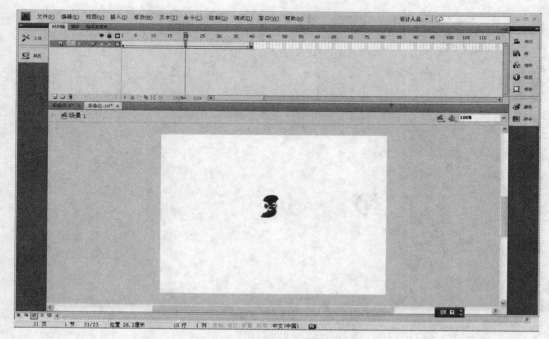

图3-39 创建形状补间的效果

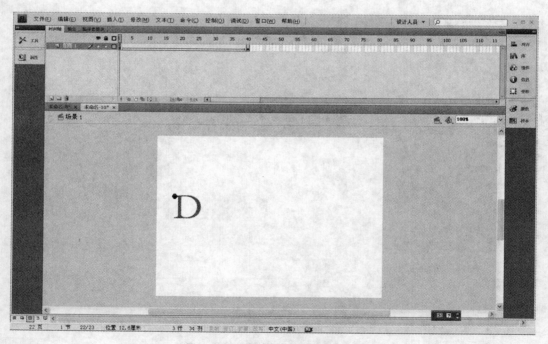

图3-40 设置第一个字母的形状提示

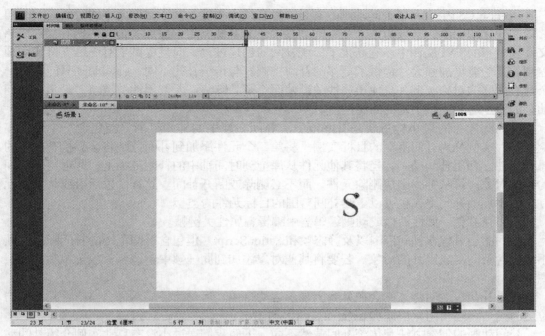

图3-41 设置第2个字母的形状提示

图3-42 初始关键帧和结束关键帧中图形的形状提示

图3-43 一般形状补间第15帧、第30帧的效果

图3-44 形状提示第15帧、第30帧的效果

3. 补间动画

在Flash CS4中引入了补间动画，它是一种在最大程度上减小文件大小同时创建随时间移动和变化的动画的有效方法。在补间动画中，只有您指定的属性关键帧的值存储在FLA文件和发布的SWF文件中。它简化了传统补间的创建过程，而且提供了对三维支持和动画控制，其功能更加强大，提供了更多的补间控制。与传统补间不同，补间动画只能具有一个与之关联的对象实例并且使用属性关键帧而不是关键帧。所谓属性关键帧，是指在补间动画的特定时间或帧中定义的属性值。

补间图层中的最小构造块是补间范围。补间图层中的补间范围只能包含一个元件实例。元件实例称为补间范围的目标实例。将第二个元件添加到补间范围将会替换补间中的原始元件。利用补间动画，当将其他元件从库拖到时间轴中的补间范围上，即可更改补间的目标对象；可从补间图层删除元件，而不必删除或断开补间。这样，以后可以将其他元件实例添加到补间中，也可以更改补间范围的目标元件的类型。

可以在舞台、属性面板或动画编辑器中编辑各属性关键帧。

补间图层可包含补间范围以及静态帧和ActionScript。但包含补间范围的补间图层的帧不能包含补间对象以外的对象。若要将其他对象添加到同一帧中，请将其放置单独的图层中。

如果补间包含动画，则会在舞台上显示运动路径。运动路径显示每个帧中补间对象的位置。无法将运动引导层添加到补间/反向运动图层。

补间动画的创建方法和传统补间截然不同，下面我们通过小汽车移动实例介绍补间动画的具体过程。

【实例】奔跑的小汽车

【目的】掌握创建补间动画的方法。

【操作过程】

（1）新建一文档，然后导入一小路的背景，如图3-45所示。

（2）将小汽车元件导入到库，然后新建一图层并将小汽车元件拖动到舞台的合适位置，如图3-46所示。

（3）在其第25帧处插入帧，然后选择"插入"｜"补间动画"命令或按住鼠标右键选择创建补间动画，如图3-47所示。

在创建补间动画中，我们需要注意的是，应用补间动画只能补间元件实例和文本字段。如果对象不是可补间的对象类型，或者在同一图层上选择了多个对象，将显示一个对话框。通过该对话框可以将所选内容转换为影片剪辑元件。此时将把同一图层的多个对象当做一个影片剪辑元件来处理。所以，在通常意义上，我们对各种元件的动画处理是要放在各个不同的图层中。

在将补间添加到某一图层上的一个对象或一组对象时，Flash会根据下列规则将该图层转换为补间图层，或创建一个新图层来保存图层上的对象的原始堆叠顺序。

如果该图层上除选定对象之外没有其他任何对象，则该图层更改为补间图层。

如果选定对象位于图层堆叠顺序底部（在所有其他对象之下），则会在原始图层之上创建一个图层以容纳非选定项，而原始图层成为补间图层。

如果选定对象位于图层堆叠顺序顶部（在所有其他对象之上），则创建一个新图层，选定对象将移到该图层，而该图层成为补间图层。

如果选定对象位于图层堆叠顺序中间（在该选定对象之上和之下有非选定对象），则

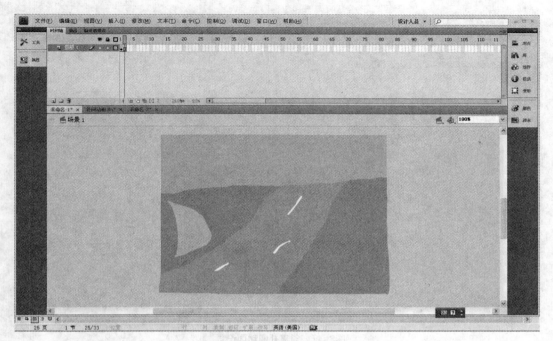

图3-45 小路背景的界面

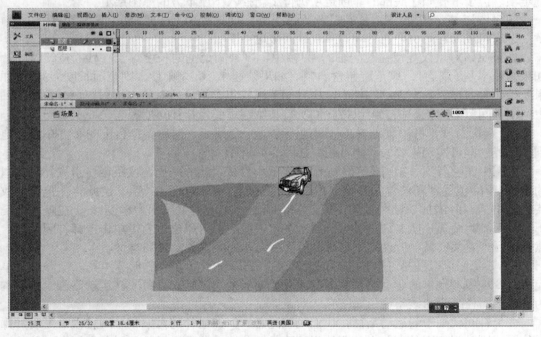

图3-46 导入小汽车的效果

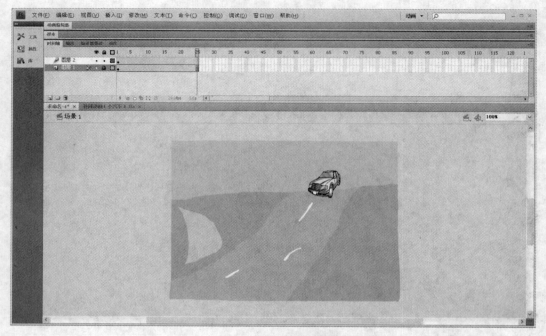

图3-47　创建补间动画设置

创建两个图层，一个图层用于容纳新补间，上方的另一个图层用于容纳堆叠顺序顶部的非选定项。位于堆叠顺序底部的非选定项仍位于新插入图层下方的原图层上。

如果图层是常规图层，它将成为补间图层。如果是引导、遮罩或被遮罩图层（第4章），它将成为补间引导、补间遮罩或补间被遮罩图层。

如果原始对象仅驻留在时间轴的第1帧中，则补间范围的长度等于一秒的持续时间。如果帧速率是24帧/秒，则范围包含24帧。如果帧速率不足5帧/秒，则范围长度为5帧。如果原始对象存在于多个连续的帧中，则补间范围将包含该原始对象占用的帧数。在时间轴中拖动补间范围的任一端，可以按我们所需长度缩短或延长补间范围。

（4）我们只要将播放头放在补间范围内的某个帧上，然后将舞台上的小汽车元件拖到新位置，即可实现想要的动画补间，如图3-48所示。

从图中能够看到一条有颜色的虚线，表示小汽车运动的路径，该路径显示从补间范围的第1帧中的位置到新位置的路径。由于显式定义了对象的x和y属性，因此将在包含播放头的帧中为x和y添加属性关键帧。属性关键帧在补间范围中显示为小菱形　。在默认情况下，时间轴将会显示所有属性类型的属性关键帧。我们可以通过右键单击选择补间范围，然后选择查看关键帧，属性类型，可以选择要显示的属性关键帧的类型。

（5）我们可以使用部分选取、转换锚点、删除锚点和任意变形等工具以及修改菜单上的命令编辑舞台上的运动路径。例如，我们通过使用选择工具更改其运动路径，将原本为直线的路径改为曲线路径，如图3-49所示。

关于补间动画中的运动路径，我们应该注意到，如果补间对象在补间过程中更改其舞台位置，则补间范围具有与之关联的运动路径。此运动路径显示补间对象在舞台上移动时所经过的路径。如果补间动画中不是对位置进行补间，则舞台上不显示运动路径。也可以将现有路径作为运动路径进行应用，方法是将该路径粘贴到时间轴中的补间范围上。

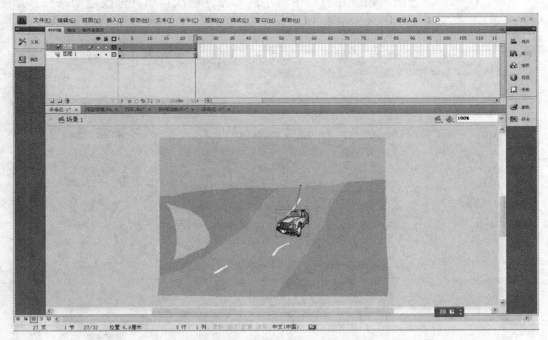

图3-48 移动小汽车创建补间动画的效果

图3-49 更改路径的效果

（6）在第50帧处插入帧，在舞台中将小汽车元件再次移动并修改运动路径，如图3-50所示。

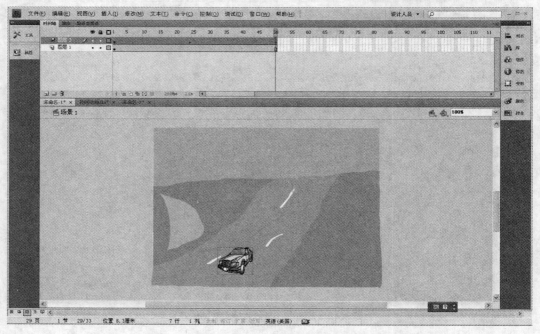

图3-50　再次设置路径的效果

（7）为了更好地描述由远及近的效果，我们使用任意变形工具将汽车元件适当放大。

此时，使用补间动画制作的按照指定路线行驶的小汽车的动画就完成了，效果见其SWF文件。

我们也可以对元件的3D旋转或位置进行补间，此时必须使用3D旋转或3D平移工具，这时须确保将播放头放置在要先添加3D属性关键帧的帧中。我们无法使用传统补间为3D对象创建动画效果。

要想对非位置的属性进行补间动画效果设置，可以使用动画编辑器进行设置。

我们也可以使用动画编辑器设置整个补间的属性。通过动画编辑器面板，可以查看所有补间属性及其属性关键帧。它还提供了向补间添加精度和详细信息的工具。动画编辑器显示当前选定的补间的属性，如图3-51所示。

当我们在时间轴中创建补间后，就可以对补间动画进行编辑控制操作。对补间动画的编辑控制可以采用动画编辑器来完成。在动画编辑器中允许我们以多种不同的方式来控制补间，可以设置各属性关键帧的值；添加或删除各个属性的属性关键帧；将属性关键帧移动到补间内的其他帧；将属性曲线从一个属性复制并粘贴到另一个属性。翻转各属性的关键帧。重置各属性或属性类别。根据需要使用贝赛尔控件对大多数单个属性的补间曲线的形状进行微调。添加或删除滤镜或色彩效果并调整其设置。向各个属性和属性类别添加不同的预设缓动。创建自定义缓动曲线。将自定义缓动添加到各个补间属性和属性组中。对x、y和z属性的各个属性关键帧启用浮动。通过浮动，可以将属性关键帧移动到不同的帧或在各个帧之间移动以创建流畅的动画。

关于补间动画，我们还必须知道，在补间动画范围内不允许使用帧脚本。这是与传统

图3-51　动画编辑器面板

补间不同的，在传统补间中我们可以使用帧脚本（关于脚本将在第5章介绍）。补间目标上的任何对象脚本都无法在补间动画范围的过程中更改。在Flash CS4中新增了动画预设面板（在窗口中选择动画预设面板中），它是专为补间动画设置的Flash自带的某些常用的动画制作模板，我们可以选择可补间的对象，在动画预设面板中选择预设，单击面板中的"应用"按钮。将对象设置成动画预设面板中指定的动画效果，当我们需要用到与动画预设中设置动画相似的动画效果时，使用预设可极大节约项目设计和开发的时间，提高效率。如果我们要在补间动画范围内应用缓动，则缓动会应用于补间动画的整个长度，要想仅对补间动画的特定帧应用缓动，则需要创建自定义缓动曲线。

3.4　本章小结

　　本章首先介绍了Flash动画制作中要用到的基本的动画制作要素，包括创建动画时使用到的元件、库和实例，也包括动画制作中需要频繁使用的时间轴和帧。在Flash中，基本的动画制作包括Flash逐帧动画与补间动画的制作方法，这也是本章的重点。

第4章　Flash高级动画

本章重点

- 理解引导层动画的制作过程。
- 理解并掌握遮罩层动画的制作过程。
- 理解并掌握骨骼动画的制作基础与制作过程。
- 学会使用3D平移工具和3D旋转功能进行操作。

在Flash CS4出现之前，使物体沿复杂路径运动的效果需要使用引导层动画实现，在Flash CS4中，我们可以直接使用补间动画实现（推荐使用），但由于引导层动画早已被大家所熟悉，所以还要作一简要介绍。遮罩动画也是Flash中常用的技巧，利用动画制作技巧配合遮罩动画，可以制作出各种复杂的动画效果。在Flash CS4中提供了另一种动画制作方法——骨骼动画，利用反向运动，使用骨骼，能够使动画对象只需做很少的设计工作而能够实现按复杂而自然的方式移动。

4.1　引导层动画

为了实现动画对象能够沿着复杂路径移动的效果，Flash提供了引导层动画，又称轨迹动画。我们可以将多个图层链接到一个运动引导层，从而使多个对象沿同一条路径运动，链接到运动引导层的常规层相应地成为引导层。

4.1.1　引导层概述

引导层在动画制作中起辅助作用，它分为普通引导层和运动引导层。

普通引导层以 表示，该图层可以起到辅助静态对象定位的作用，它无须使用被引导层，可以单独使用。创建普通引导层的操作非常简单，选择目标图层，单击鼠标右键，在弹出的菜单中选择"引导层"命令即可，如图4-1所示。

普通引导层与普通图层相似，我们可以像操作普通图层一样来操作普通引导层，也可以取消普通引导层为普通图层，只要再次在图层上单击鼠标右键，在菜单中取消引导层选择。

用 描述运动引导层，表示当前图层的状态是运动引导，运动引导层总是与至少一个图层相关联，被关联的图层称为被引导层。被引导层将自动与运动引导层关联起来从而使被引导层上的任意对象沿着运动引导层上的路径运动。选中被引导层，右键单击添加传统运动引导层，即可实现为被引导层添加运动引导层，如图4-2所示。

从图中可以看出，添加运动引导层的默认命名规则为引导层：被引导图层名。被引导层放置在引导层下方并且向内缩进一定位置，从而可以看出二者之间的关系。如果在运动引导层上绘制一条路径，任何同该层建立关联的层上的过渡元件都将沿这条路径运动。若使更多图层同运动引导层建立关联，只需将其拖曳到引导层下方即可。

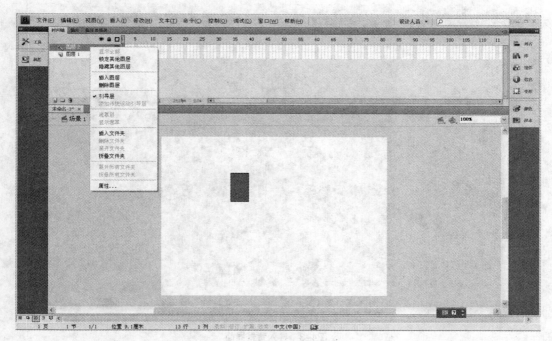

图4-1 设置引导层

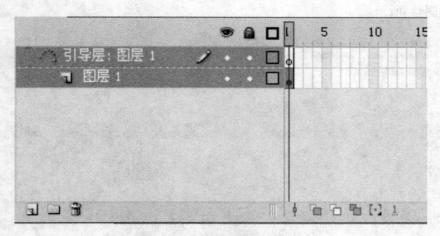

图4-2 为被引导层添加运动引导层

4.1.2 制作引导层动画

我们仍然制作诸如第3章中奔跑的小汽车实例效果,在第3章中我们使用补间动画,本节中使用引导层动画。

【实例】奔跑的小汽车

【目的】掌握引导层动画的制作方法。

【操作过程】

(1)新建一个Flash文档,制作如图4-3所示的背景,作为背景图层。

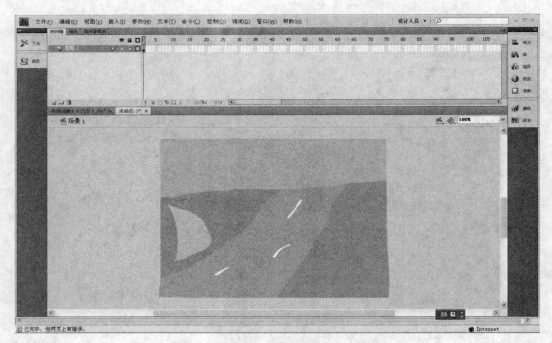

图4-3 导入背景界面

（2）锁定背景图层，新增一图层，命名为小汽车，导入舞台相应位置一小汽车图形元件，如图4-4所示。

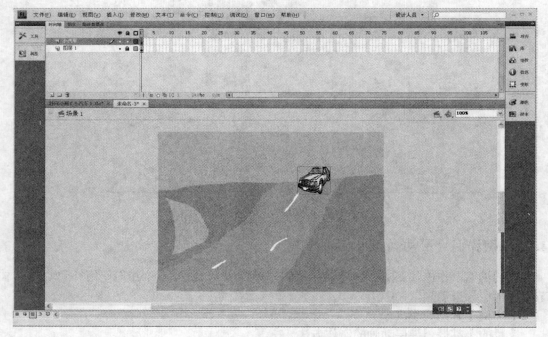

图4-4 导入小汽车的效果

（3）选中小汽车图层，在第50帧处插入关键帧，在图层1的第50帧处插入帧，选中小汽车图层，单击鼠标右键菜单选择"添加传统运动引导层"命令，添加一小汽车的引导层，如图4-5所示。

图4-5　添加引导层

（4）使用铅笔工具在引导层中画一条描述汽车运动路径的引导线，为了清楚显示路径，现将小汽车图层隐藏，如图4-6所示。

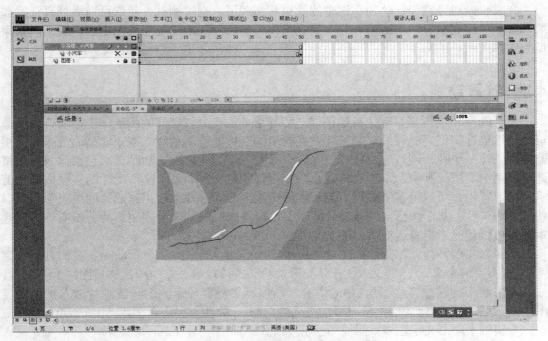

图4-6　添加引导线的效果

（5）在小汽车图层中，选择第1帧，将小汽车元件的中心与引导线的起始位置对齐，选择第50帧，将小汽车的中心拖曳到引导线的终止位置，然后创建传统补间动画，如图4-7所示。

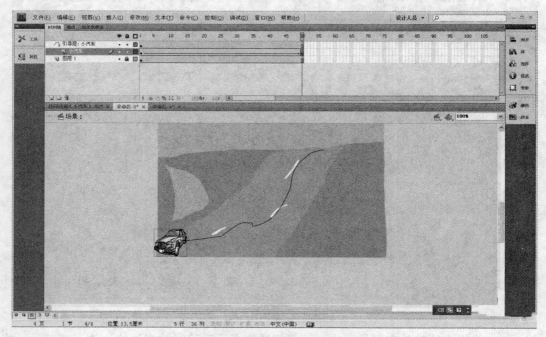

图4-7　创建传统补间动画的效果

此时，沿引导路径运动的小汽车的效果就实现了。通过测试，我们可以看到真正发布的影片中并没有引导层中的引导线，它只是作为动画制作的辅助工具出现的，其动画效果见小汽车（引导）.swf。

4.2　遮罩动画

关于Flash中的图层，除了普通图层、引导层外还有一种特殊的图层即遮罩层，使用遮罩层可以创建类似聚光灯效果和过渡效果的动画，称为遮罩动画。遮罩动画的效果即使用遮罩层创建一个孔，通过这个孔可以看到下面的图层。所以遮罩动画必须包括遮罩层和被遮罩层两个图层。其中遮罩项目可以是填充的形状、文字对象、图形元件的实例或影片剪辑。被遮罩层也可以是多个图层。为了实现更复杂的动画效果，用作遮罩的填充形状可以使用补间形状；对于图形实例或影片剪辑，可以使用补间动画。使用影片剪辑实例作为遮罩时，可以让遮罩沿着运动路径运动。

下面以实例具体介绍创建遮罩动画的步骤和方法。为了使用遮罩动画，我们需要创建两个图层：图层1和图层2。遮罩层图层2用来绘制或放置填充型组织，透过图层2可以查看该填充形状下的被遮罩层图层1中的内容。所以需要将要显示的动画或图片放入被遮罩层图层1。遮罩层和被遮罩层中都可以放置动画对象。本例将遮罩层图层2制作一动画效果。

【实例】矩形文字遮罩效果

【目的】掌握遮罩动画的制作过程。

【操作过程】

（1）新建一个Flash文档，然后导入到舞台一想要的图片，调整大小至合适位置，如图4-8所示。

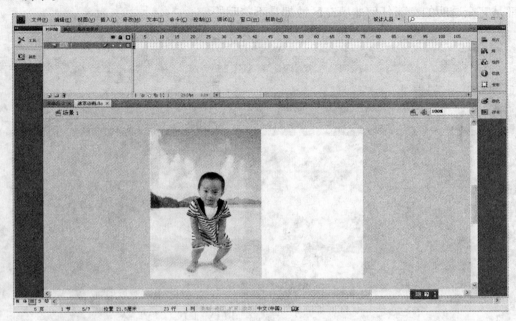

图4-8 导入背景图片

（2）在该图层的上方新建一图层，命名为"文字"，然后使用文本工具在舞台的空白处写入想要的文字，如图4-9所示。

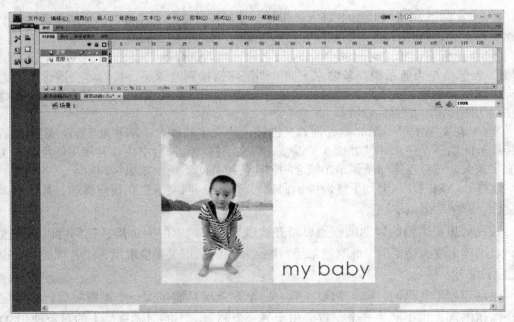

图4-9 加入文字

（3）在图层1和文字层中间插入一新图层，命名为图层2。在图层2中使用矩形工具绘制一个宽度与图片一致、长度极小的矩形，其笔触和填充颜色任意，如图4-10所示。Flash会忽略遮罩层中的位图、渐变、透明度、颜色和线条样式。 在遮罩中的任何填充区域都是完全透明的；而任何非填充区域都是不透明的。

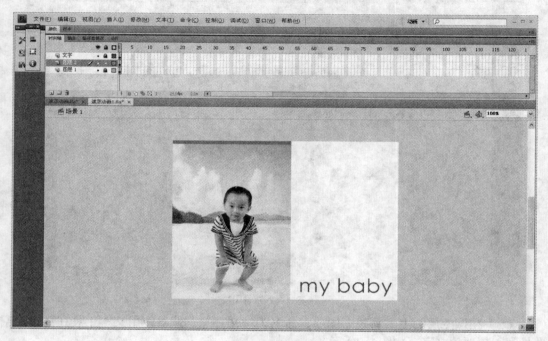

图4-10　加入遮罩层

（4）在图层2中的第70帧处插入关键帧，使用任意变形工具将矩形拉伸至覆盖整个图片，然后在第1帧到第70帧之间创建补间形状动画，如图4-11所示。

（5）鼠标右键单击时间轴中的图层2名称，然后选择遮罩层。 将出现一个遮罩层图标 ，表示该层为遮罩层。紧贴它下面的图层将链接到遮罩层，其内容会透过遮罩上的填充区域显示出来。被遮罩的图层的名称将以缩进形式显示，其图标将更改为一个被遮罩的图层的图标 ，如图4-12所示。

（6）在文字图层中第35帧处插入关键帧，将文字从舞台一端移动到另一端，然后创建传统补间动画，在第70帧处插入关键帧，将文字移动到舞台中央，并使用任意变形工具将文字放大，然后在第35帧到第70帧之间创建传统补间动画，如图4-13所示。

这样，一幅图片从上到下慢慢展示到我们面前，同时文字也在相应移动。具体效果见源文件：遮罩动画.swf文件。

若我们想要取消遮罩动画或想要断开被遮罩层与遮罩层的链接，我们可以选中遮罩层，右键单击取消遮罩层，此时遮罩层与被遮罩层的遮罩关系被取消，二者都成为普通图层。

在创建遮罩动画时，我们需要注意：一个遮罩层只能包含一个遮罩项目；遮罩层不能在按钮内部，也不能将一个遮罩应用于另一个遮罩。不能对遮罩层上的对象使用3D工具，包含3D对象的图层也不能用作遮罩层。

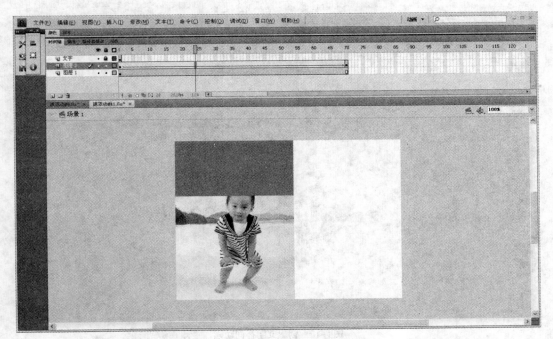

图4-11　创建遮罩层补间动画

图4-12　设置成遮罩层

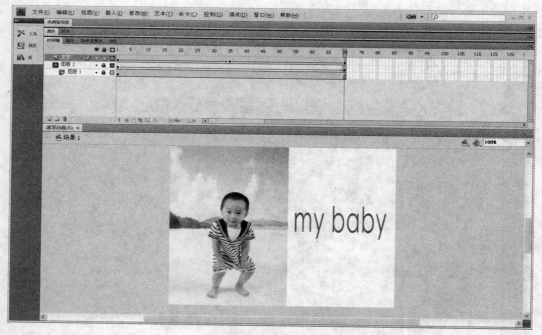

图4-13　创建文字补间动画

4.3　骨骼动画

Flash CS4提供了一个全新的骨骼工具，可以很便捷地把符号（Symbol）连接起来，形成父子关系，来实现我们所说的反向运动（Inverse Kinematics）。使用骨骼，我们可以较轻松地实现将元件实例和形状对象等按复杂而自然的方式移动。例如，通过反向运动可以更加轻松地创建人物动画，如胳膊、腿和面部表情。为了更好地描述骨骼动画，我们需要介绍骨骼动画相关的概念。

反向运动（IK）是一种使用骨骼的有关节结构对一个对象或彼此相关的一组对象进行动画处理的方法。

骨架，整个骨骼结构连在一起称为骨架。在父子层次结构中，骨架中的骨骼彼此相连。骨架可以是线性的或分支的。源于同一骨骼的骨架分支称为同级。骨骼之间的连接点称为关节。

在Flash中可以以两种方式使用IK。向元件实例添加骨骼和向形状添加骨骼。可以向影片剪辑、图形和按钮实例添加IK骨骼。若要使用文本，请首先将其转换为元件。

4.3.1　向元件实例添加骨骼

使用该方法时，会创建一个连接实例链。骨骼允许元件实例链一起移动。元件实例的连接链可以是一个简单的线性链或分支结构。比较典型的例子是人或动物的四肢运动，例如，为了创建真实的人体胳膊移动效果，我们可以首先创建一组表示胳膊不同部分的影片剪辑，通过骨骼将躯干、上臂、前臂和手连接在一起，并创建相应的骨骼动画，即可逼真地模拟人体胳膊的摆动效果。

【实例】人体手臂骨骼动画

【目的】掌握向元件添加骨骼的方法。

【操作过程】

（1）新建一个Flash文档，我们选择文档类型时必须选择Flash文件（ActionScript 3.0），也就是说，我们在对骨骼动画进行操作时，使用的脚本是ActionScript 3.0，此时ActionScript 2.0及以下版本对骨骼动画无效。

（2）在舞台中使用绘图工具绘制如图4-14所示的上臂、前臂和手的图形。

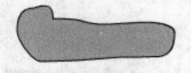

图4-14　绘制的上臂、前臂和手的图形

（3）将绘制的3部分图形依次转换为相应的影片剪辑，并将这些影片剪辑按照手臂的真实顺序摆放好，如图4-15所示。

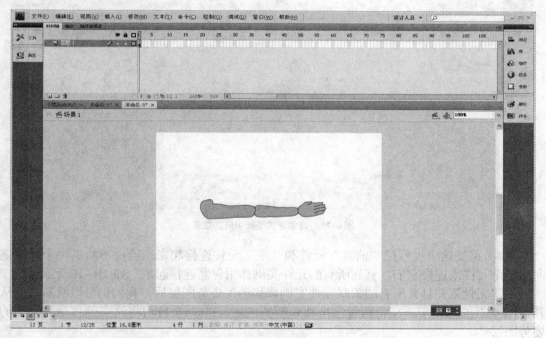

图4-15　按顺序摆放

从工具面板中选择骨骼工具 ，或可以按X键选择骨骼工具，单击要成为骨架的根部的元件实例"上臂"，然后拖动到另一相邻元件实例"前臂"处释放鼠标，从而将其连接到根实例。为便于将新骨骼的尾部拖到所需的特定位置，我们可能启用视图，贴紧，贴紧至对象。在拖动时，将显示骨骼。释放鼠标后，在两个元件实例之间将显示实心的骨骼。每个骨骼都具有头部、圆端和尾部（尖端）。其中骨架中的第一个骨骼是根骨骼。它显示为一个圆围绕骨骼头部，如图4-16所示，同时在时间轴中将会自动增加一个新图层，此新图层称为姿势图层。姿势图层中的关键帧称为姿势。每个姿势图层只能包含一个骨架及其关联的实例，如图4-17所示，原有图层中的所有与骨骼相关元件自动移入姿势图层，Flash按舞台上对象的以前堆叠顺序向时间轴中现有的图层之间添加新的姿势图层。我们若要想继续编辑这些元件，必须点击姿势图层才能进行编辑。

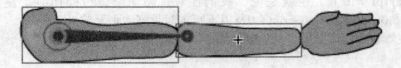

图4-16　加入骨骼

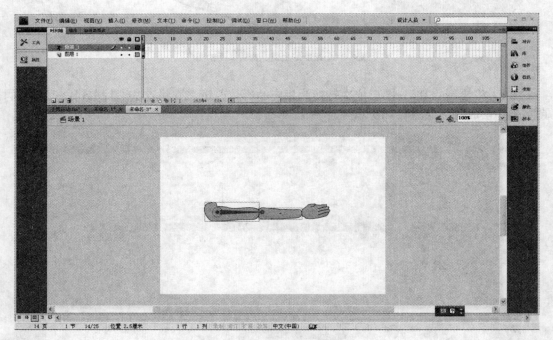

图4-17　自动增加姿势图层的效果

（4）重复这个过程把"前臂"元件和"手"元件连接起来。通过不断从一个元件拖向另一个元件来连接它们，直到所有的元件实例都用骨骼连接起来，如图4-18所示。

创建完骨架并且其所有的关联元件实例都移动到姿势图层后，我们仍可以将新实例从其他图层添加到骨架。在将新骨骼拖动到新实例后，Flash会自动将该实例移动到骨架的姿势图层。

单击"选择"工具，可以对骨骼进行移动操作，通过增加IK跨度的帧数就很容易给骨架增加动画，实现对整个骨架的实时控制。在本例中，我们在骨架图层的第60帧处插入帧，然后将播放头放在第30帧处，将骨架拖动到一新的位置，如图4-19所示。在第60帧处再将骨架拖到另一新位置，如图4-20所示。Flash将自动将这两帧转换成属性关键帧，即可实现手臂的简单运动。

默认情况下，Flash将每个元件实例的变形点自动移动到由每个骨骼连接构成的连接位置。对于根骨骼，变形点移动到骨骼头部。对于分支中的最后一个骨骼，变形点移动到骨骼的尾部。在首选参数（编辑，首选参数）的绘画选项卡中，可以禁用变形点的自动移

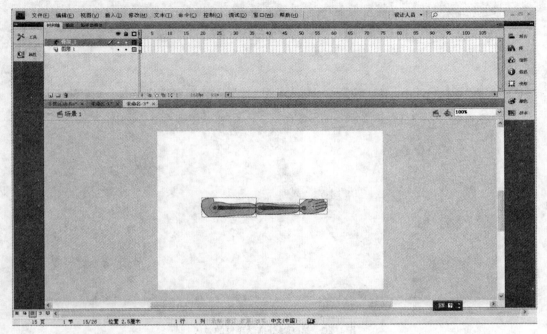

图4-18　实现骨骼连接

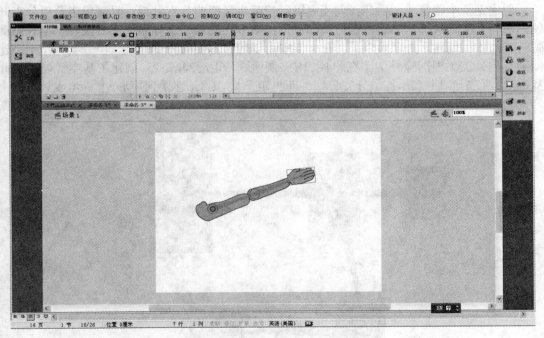

图4-19　第30帧处拖动手臂的效果

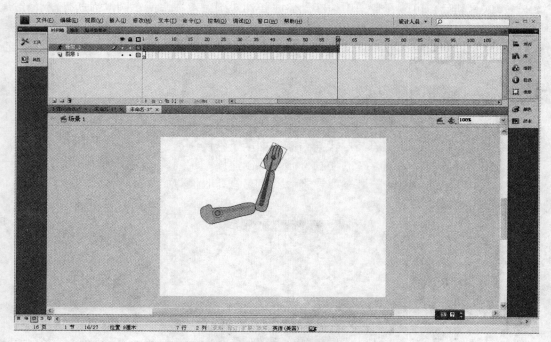

图4-20　第60帧处拖动手臂的效果

动。

　　创建完基本骨骼动画后，我们还可以创建基本骨骼的分支骨架，只需单击希望分支开始的现有骨骼的头部，然后进行拖动即可创建新分支的第一个骨骼。然后按照基本骨骼动画的方法依次创建下去就可以了。在骨架中可以包含想要的分支骨架，但分支骨架不能连接到其他分支（根部除外）。在图4-21中，矩形1、矩形2和矩形3创建了基本骨骼，在此基础上，在矩形2上又添加了分支骨架，即将矩形4、矩形5连接到矩形2上，组成具有两个分支的复杂骨架。

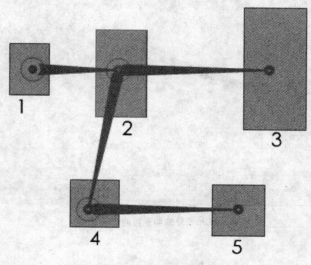

图4-21　增加分支骨架的骨骼

创建IK骨架后，可以在骨架中拖动骨骼或元件实例以重新定位实例。拖动骨骼会移动其关联的实例，但不允许它相对于其骨骼旋转。拖动实例允许它移动以及相对于其骨骼旋转。拖动分支中间的实例可导致父级骨骼通过连接旋转而相连。子级骨骼在移动时没有连接旋转。

4.3.2 向形状添加骨骼

使用IK的另一种方式是向形状对象的内部添加骨架。可以在合并绘制模式或对象绘制模式中创建形状。可以向单个形状的内部添加多个骨骼，通过骨骼的移动，我们能够实现形状的各个部分的移动或改变的动画，而无须创建该形状的若干不同版本或创建补间形状。例如，可能向简单的蛇图形添加骨骼，以使蛇逼真地移动和弯曲。

【实例】小松鼠尾巴移动

【目的】掌握向形状添加骨骼的方法。

【操作过程】

（1）新建一个Flash文档，在舞台上绘制一个简单的小松鼠的躯干形状，如图4-22所示。

图4-22 小松鼠的躯干形状效果

（2）新建一个图层，在该图层上绘制松鼠尾巴的形状，如图4-23所示。

（3）选中松鼠尾巴的图层，点击工具面板中骨骼工具 ，或可以按X键选择骨骼工具，在形状内单击并拖动到形状内的其他位置。在拖动时，将显示骨骼。释放鼠标后，在单击的点和释放鼠标的点之间将显示一个实心骨骼，如图4-24所示。每个骨骼都具有头部、圆端和尾部（尖端）。骨架中的第一个骨骼是根骨骼。它显示为一个圆围绕骨骼头部。

与向元件添加骨骼类似，我们在为形状添加第一个骨骼时，Flash将形状转换为IK形状对象，并将其移动到时间轴中的新图层。新图层称为姿势图层。与给定骨架关联的所有

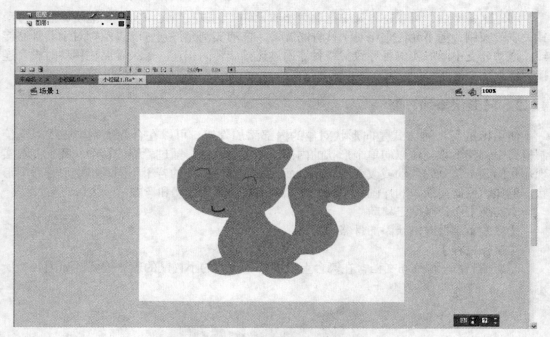

图4-23　增加尾巴形状的效果

图4-24　添加骨骼

骨骼和IK形状对象都驻留在姿势图层中。每个姿势图层只能包含一个骨架。Flash按舞台上对象的以前堆叠顺序向时间轴中现有的图层之间添加新的姿势图层，如图4-25所示。

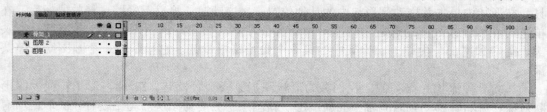

图4-25　增加姿势图层的时间轴面板

当该形状增加骨骼变为IK形状后，就无法再向其添加新笔触。但仍可以向形状的现有笔触添加控制点或从中删除控制点。IK形状具有自己的注册点、变形点和边框，如图4-26所示。

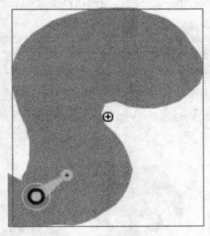

图4-26 添加的IK形状

（4）从根骨骼开始继续一个接一个头尾相连地创建骨骼，在制作时，我们尽量使骨骼的长度逐渐变短，越到尾部关节会越多。这样就能创建出更切合实际的动作来。制作完的效果如图4-27所示。

图4-27 添加后的骨骼效果

（5）单击选择工具，可以对骨骼进行移动操作，通过增加姿势图层的帧数就很容易给骨架增加动画，实现对整个骨架的实时控制。本例中，我们在骨架图层的第60帧处插入帧，然后将播放头放在20帧处，将骨架拖动到一新的位置，如图4-28所示。在第40帧处再将骨架拖动到另一新位置，如图4-29所示。在第60帧处也做相同操作，则Flash会自动将

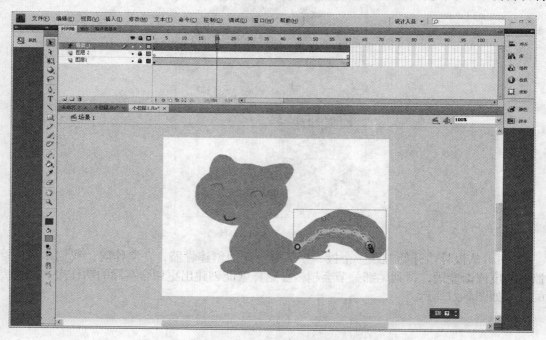

图4-28　第20帧处移动骨骼的效果

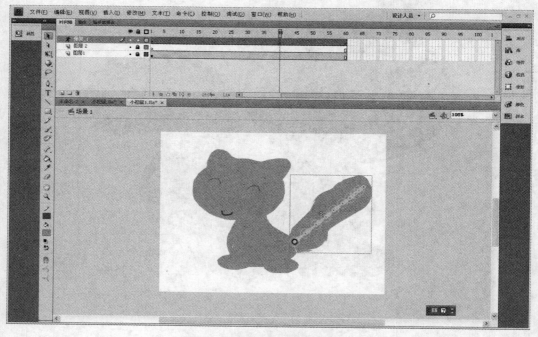

图4-29　第40帧处移动骨骼的效果

这几帧转换成属性关键帧，实现松鼠尾巴的摇摆运动，如图4-30所示。

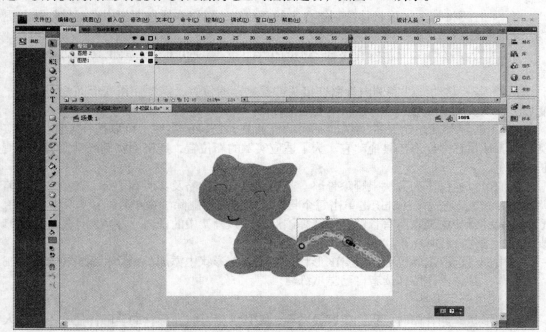

图4-30　第60帧处移动骨骼的效果

　　与向元件添加骨架相似，在形状内添加骨架中也可创建分支骨架，方法同上，这里就不再赘述。

4.3.3　对骨骼进行的操作

　　创建完骨骼后，我们可以对骨骼进行各种操作。可以编辑修改、删除骨骼和相关联的对象；可以对骨骼进行相应运动约束等操作。

1. 编辑IK骨架和对象

　　创建骨骼后，可以使用多种方法编辑它们。但都必须在仅仅包含初始姿势的姿势图层中的第1帧中编辑IK骨架。在姿势图层的后续帧中重新定位骨架后，无法对骨骼结构进行更改。若要编辑骨架，请从时间轴中删除位于骨架的第1帧之后的任何附加姿势。如果只是重新定位骨架以达到动画处理目的的，则可以在姿势图层的任何帧中进行位置更改。Flash将该帧转换为姿势帧。

　　若要选择骨骼，需要使用选取工具单击该骨骼。此时可通过属性面板中显示的骨骼属性选项对骨骼的属性进行修改。按住Shift单击可选择多个骨骼；双击某个骨骼可选中骨架中的所有骨骼。

　　我们可以重新定位骨骼和关联的对象，其方法是：

　　（1）若要重新定位线性骨架，可以拖动骨架中的任何骨骼。如果骨架已连接到元件实例，则还可以拖动实例。此时可以相对于其骨骼旋转实例。

　　（2）若要重新定位骨架的某个分支，可以拖动该分支中的任何骨骼。该分支中的所有骨骼都将移动。骨架的其他分支中的骨骼不会移动。

　　（3）若要将某个骨骼与其子级骨骼一起旋转而不移动父级骨骼，须按住Shift并拖动该骨骼。

（4）若要将某个IK形状移动到舞台上的新位置，可以在属性面板中选择该形状并更改其x和y属性。

（5）若要移动IK形状内骨骼任一端的位置，需要使用部分选取工具拖动骨骼的一端。

（6）若要移动元件实例内骨骼连接头部或尾部的位置，需要使用变形面板（窗口，变形）移动实例的变形点。骨骼将随变形点移动。

（7）若要移动单个元件实例而不移动任何其他链接的实例，可以按住Alt拖动该实例，或者使用任意变形工具拖动它。为了适应实例的新位置，连接到实例的骨骼将自动变长或变短。

我们可以通过下列方法来删除骨骼：若要删除单个骨骼及其所有子级，请单击该骨骼并按Delete键；通过按住Shift键单击每个骨骼可以选择要删除的多个骨骼；若要从某个IK形状或元件骨架中删除所有骨骼，请选择该形状或该骨架中的任何元件实例，然后选择修改、分离操作，此时IK形状将还原为正常形状。

使用部分选取工具也可以编辑IK形状，实现向IK形状中添加、删除和编辑轮廓的控制点的操作，具体操作留作读者自己尝试练习。

2. 使用绑定工具

在向形状添加骨骼时，我们很容易发现，在移动骨架时，形状的笔触往往并不按令人满意的方式扭曲。默认情况下，形状的控制点连接到离它们最近的骨骼。为了调整形状的笔触，我们需要使用绑定工具 来编辑骨骼和形状控制点之间的连接，从而控制每个骨骼移动时笔触扭曲的方式以获得更满意的结果。对绑定工具的操作方法如下：

（1）点击绑定工具 并单击某骨骼能够加亮显示已连接到骨骼的控制点。此时已连接的控制点以黄色加亮显示，而选定的骨骼以红色加亮显示，并且仅连接到一个骨骼的控制点显示为方形，连接到多个骨骼的控制点显示为三角形。

（2）若要向选定的骨骼添加控制点，点击绑定工具 并按住Shift单击未加亮显示的控制点。也可以通过按住Shift拖动来选择要添加到选定骨骼的多个控制点。

（3）若要从骨骼中删除控制点，请点击绑定工具 并按住Ctrl单击以黄色加亮显示的控制点。也可以通过按住Ctrl拖动来删除选定骨骼中的多个控制点。

（4）若要加亮显示已连接到控制点的骨骼，请使用绑定工具 并单击该控制点。已连接的骨骼以黄色加亮显示，而选定的控制点以红色加亮显示。

（5）若要向选定的控制点添加其他骨骼，请使用绑定工具 并按住Shift单击骨骼。

（6）若要从选定的控制点中删除骨骼，请使用绑定工具 并按住Ctrl单击以黄色加亮显示的骨骼。

3. 设置IK运动约束

从人体手臂的骨骼动画制作过程中，我们发现，手臂的运动是具有一定的约束的，例如手腕的旋转运动不能超过一定角度，否则，就不能真实模拟手部运动。这在模拟现实的运动中具有普遍的意义。因此，若要创建IK骨架实现逼真运动，我们必须控制特定骨骼的运动自由度。默认情况下，我们在创建骨骼时，会为每个IK骨骼分配相应的长度。创建的骨骼可以围绕其父级骨骼连接以及沿x轴和y轴旋转，但是它们不能更改其父级骨骼长度，我们可以在骨骼的属性面板中设定或修改这些属性。

当选定一个或多个骨骼时，我们可以在属性面板中这样设置相应属性：

（1）若要使选定的骨骼可以沿x轴或y轴移动并更改其父级骨骼的长度，请在属性面板的连接：x平移或连接：y平移部分中选择启用。启用连接：x平移将显示一个垂直于连接上骨骼的双向箭头，指示已启用x轴运动。启用连接：y平移将显示一个平行于连接上骨骼的双向箭头，指示已启用y轴运动。如果对骨骼同时启用了x平移和y平移，为了便于移动，往往需要对该骨骼禁用旋转。方法是在属性面板的连接：旋转部分中取消选中启用复选框。

（2）若要限制沿x轴或y轴启用的运动量，请在属性面板的连接：x平移或连接：y平移部分中选择约束，然后输入骨骼可以活动的最小距离和最大距离。

（3）若要约束骨骼的旋转，请在属性面板的连接：旋转部分中输入旋转的最小度数和最大度数。其旋转度数指其相对于父级骨骼。在骨骼连接的顶部将显示一个指示旋转自由度的弧形。此时该骨骼相对于父级骨骼的旋转只能按最小度数和最大度数进行。如手臂挥动的例子，我们可以设置相应的旋转约束角度，使得手腕和肘部不能任意旋转，如图4-31所示。

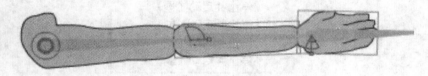

图4-31　手臂旋转约束设置

（4）若要使选定的骨骼相对于其父级骨骼是固定的，需要禁用旋转以及x轴和y轴平移。此时骨骼变得不能弯曲，并且能跟随其父级的运动。

（5）若要限制选定骨骼的运动速度，请在属性面板的连接速度字段中输入一个值。连接速度为骨骼提供了粗细效果。最大值100%表示对速度没有限制。

4.3.4　添加缓动

使用姿势向IK骨架添加动画时，为了使动画效果更加真实，我们可以调整帧中每个姿势的动画速度。此时需要使用之前说过的缓动。在骨骼动画中，控制姿势帧附近运动的加速度称为缓动。如上例中的胳膊摆动，现实中，在胳膊刚开始摆动时，胳膊应该进行加速运动，而摆动结束时，胳膊应该进行减速运动，此时，我们应该在时间轴中向IK姿势图层添加缓动，从而实现在每个姿势帧前后使骨架加速或减速。其方法是单击姿势图层中想要应用缓动的两个姿势帧之间的帧，并在属性面板中的缓动选项中选择缓动类型。缓动类型的选择如图4-32所示。

在属性面板的缓动选项中的类型列表中有9种类型。无即无缓动，它是默认类型。可用的缓动包括4个简单缓动和4个停止并启动缓动。简单缓动将降低紧邻上一个姿势帧之后的帧中运动的加速度或紧邻下一个姿势帧之前的帧中运动的加速度。停止并启动缓动减缓紧邻之前姿势帧后面的帧以及紧邻图层中下一个姿势帧之前的帧中的运动。这两种类型的缓动都具有慢、中、快和最快形式。慢形式的效果最不明显，而最快形式的效果最明显。缓动的强度属性可控制那些将进行缓动的帧以及缓动的影响程度。默认强度是0，即表示无缓动。最大值是100，它表示对下一个姿势帧之前的帧应用最明显的缓动效果。最小值是-100，它表示对上一个姿势帧之后的帧应用最明显的缓动效果。关于缓动，可在动画编辑器中设置和编辑。

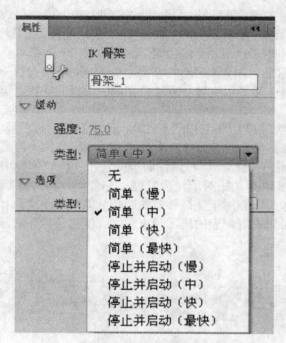

图4-32 添加缓动属性面板

4.3.5 对骨架进行动画处理

从骨骼动画的制作过程中我们可以看出，骨骼动画的处理方式与Flash中的其他对象不同。在骨骼动画中利用骨骼工具进行动画处理时会生成定义骨架的姿势图层，我们只需向姿势图层添加帧并在舞台上重新定位骨架即可创建关键帧。姿势图层中的关键帧称为姿势。由于IK骨架通常用于动画处理，因此每个姿势图层都自动充当补间图层。但是，IK姿势图层不同于传统补间图层，无法在姿势图层中对除骨骼位置以外的属性进行补间。若要对IK对象的其他属性（如位置、变形、色彩效果或滤镜）进行补间，我们必须将骨架及其关联的对象包含在影片剪辑或图形元件中。然后可以使用插入、补间动画命令和动画编辑器面板，对元件的属性进行动画处理。我们也可以在运行时使用ActionScript 3.0对IK骨架进行动画处理。如果计划使用ActionScript对骨架进行动画处理，则无法在时间轴中对其进行动画处理。骨架在姿势图层中只能具有一个姿势，且该姿势必须位于姿势图层中显示该骨架的第1个帧中。下面介绍骨架的3种处理动画的方式。

1. 在时间轴中对骨架进行动画处理

IK骨架存在于时间轴中的姿势图层上。若要在时间轴中对骨架进行动画处理，需要通过右键单击姿势图层中要进行动画操作的帧处，再选择插入姿势来实现操作。然后通过使用选取工具更改骨架的配置。Flash将在姿势之间的帧中自动内插骨骼的位置。对于姿势图层中帧的操作非常灵活：可以在姿势图层中通过右键单击现有帧右侧的帧，然后选择插入帧的方法添加帧；也可以使用相似方法删除帧；还可以将姿势图层的最后一个帧拖动到右侧或左侧以添加帧或删除帧从而增加动画长度。

2. 将骨架转换为影片剪辑或图形元件以实现其他补间效果

如果我们想将补间效果应用于除骨骼位置之外的IK对象属性，该对象必须包含在影片剪辑或图形元件中。其方法是选中IK骨架的所有对象或IK形状，右键单击从菜单中选择转换为元件。转换为相应影片剪辑对象或图形元件，此时Flash将创建一个自己时间轴具有姿势图层的元件，该元件即可添加补间动画效果。

3. 使用ActionScript 3.0为运行时动画准备骨架

可以使用ActionScript 3.0控制IK骨架，其方法是使用选取工具，选择姿势图层中包含骨架的帧，然后在属性面板会显示骨架属性。从其类型菜单中选择运行时，此时可以在运行时使用ActionScript 3.0处理层次结构。因为默认情况下，属性面板中的骨架名称与姿势图层名称相同。所以在ActionScript中我们可以使用此名称以指代骨架。也可在属性面板中更改该名称从而在ActionScript中使用新名称。

在使用ActionScript 3.0时我们需要注意：ActionScript 3.0可以控制连接到形状或影片剪辑实例的IK骨架，但无法控制连接到图形或按钮元件实例的骨架。使用ActionScript只能控制具有单个姿势的骨架。具有多个姿势的骨架只能在时间轴中控制。

4.4　创建3D效果

我们可以通过使用3D平移工具 ▨ 和3D旋转工具 ◐ 在舞台移动和旋转影片剪辑来创建3D效果。Flash通过在每个影片剪辑实例的坐标轴属性来表示3D空间。在3D空间中，我们不仅可以实现对象的平移操作、旋转操作，还可以向影片剪辑实例添加3D透视效果。

如果舞台上有多个3D对象，可以通过调整Flash文件的透视角度和消失点属性将特定的3D效果添加到所有对象中。

4.4.1　全局3D空间和局部3D空间

3D平移和3D旋转工具都允许我们在全局3D空间或局部3D空间中操作对象。全局3D空间即为舞台空间。全局变形和平移与舞台相关。局部3D空间即为影片剪辑空间。局部变形和平移与影片剪辑空间相关，在局部3D空间中移动对象与相对父级影片剪辑移动对象等效。3D平移和旋转工具的默认模式是全局。若要在局部模式中使用这些工具，选中3D平移和旋转工具，单击属性面板中的 ▨ 按钮能够在全局模式和局部模式间切换，或在选中3D平移和旋转工具进行拖动的同时按D键，可以临时从全局模式切换到局部模式。

4.4.2　在3D空间中移动对象

可以使用3D平移工具 ▨ 在3D空间中移动影片剪辑实例。在使用该工具选择影片剪辑后，影片剪辑的 x、y 和 z 3个轴将显示在舞台上对象的顶部。x 轴为红色、y 轴为绿色，而 z 轴为蓝色。坐标轴效果如图4-33所示。

图4-33　3D平移工具的坐标轴

当我们应用3D平移工具实现操作时，其属性面板中的3D定位与查看选项将会改变，如图4-34所示，其参数含义如下：

x、y、z分别表示在3D空间中，对象在x轴、y轴和z轴上的位置。

·宽度：表示透视3D的宽度。

·高度：表示透视3D的高度。

·透视角度 ▣：表示当前对象的透视角度。

·消失点 △：分别表示消失点x和消失点y的位置。

·重置：单击该按钮，可以恢复消失点的位置为默认状态。

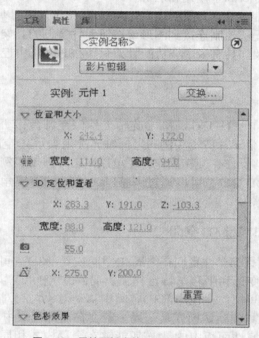

图4-34　属性面板中的3D定位与查看选项

使用3D平移工具移动对象可分为：移动3D空间中的单个对象和移动3D空间中的多个对象。

1. 在3D空间中移动单个对象

操作步骤：

（1）新建一个文档，在工具面板中选中文本工具，在舞台上输入一段文本，将其颜色设为红色，并将其转换为影片剪辑元件，同时使用对齐工具将其放置在舞台中央，如图4-35所示。

（2）工具面板中选择3D平移工具 ⬈，单击该元件，在图像的中间将会出现一个由红色箭头、绿色箭头和黑点组成的坐标轴，如图4-36所示。

（3）红色为x轴，单击x轴图标后，按住鼠标左键不放并水平拖动，到达合适位置后释放鼠标左键即可水平移动对象，如图4-37所示。

（4）绿色为y轴，单击y轴图标后，按住鼠标左键不放并垂直拖动，到达合适位置后释放鼠标左键即可垂直移动对象，如图4-38所示。

（5）中间的黑色圆点为z轴，单击z轴图标后，按住鼠标左键不放并拖动，到达合适

图4-35 向舞台添加文本影片剪辑的效果

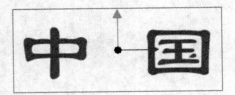

图4-36 在元件上使用3D平移工具

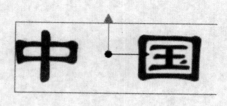

图4-37　实现x轴平移

图4-38　实现y轴平移

位置后释放鼠标左键即可同时水平和垂直移动对象，如图4-39所示。

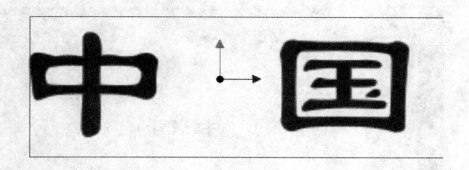

图4-39 实现z轴平移

（6）还可以通过属性面板移动对象，在属性面板的3D定位和视图部分中输入 x、y 或 z 的值。则能够实现在舞台中平移对象的操作。在图4-40中的属性面板中显示的是文本影片剪辑对象的初始放置位置。

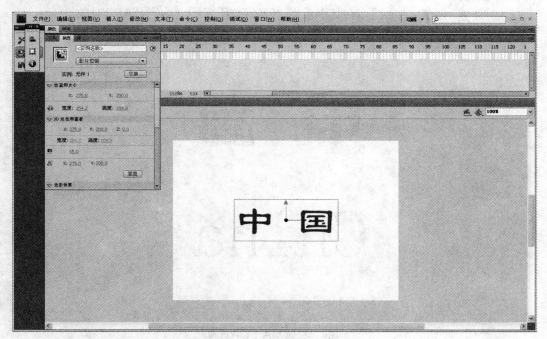

图4-40 属性面板的初始设置

（7）我们通过修改属性面板的3D定位和查看选项将其x、y和z的值进行修改，则其在舞台中的位置发生如图4-41所示的改变。

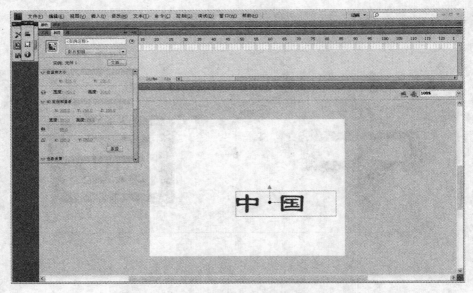

图4-41　通过属性面板实现平移

2．在3D空间中移动多个对象

若要移动多个影片剪辑对象，可以使用3D平移工具移动其中一个选定对象，其他对象将以相同的方式移动。

操作步骤：

（1）新建一个Flash文档，在其中放置如图4-42所示的文本影片剪辑对象。

图4-42　添加两个影片剪辑

（2）为了实现这两个对象的同时平移，需要首先选择3D平移工具，再选择其中一个对象，然后在其全局模式下，按住Shift键的同时在另一对象上单击，如图4-43所示。

图4-43　在对象上选择3D平移工具

（3）然后释放Shift键，按照单个对象的平移方法即可实现同时移动多个对象的操作，如图4-44所示。

图4-44　实现平移操作

4.4.3　在3D空间中旋转对象

使用3D旋转工具 ◐可以在3D空间中旋转影片剪辑实例。3D旋转控件出现在舞台上的选定对象之上。x控件红色，y控件绿色，z控件蓝色。使用橙色的自由旋转控件可同时绕x轴和y轴旋转。

3D旋转工具的默认模式为全局。在全局3D空间中旋转对象与相对舞台移动对象等效。在局部3D空间中旋转对象与相对父级影片剪辑（如果有）移动对象等效，其切换方式与3D平移工具相同。

使用3D旋转工具旋转对象也可分为：旋转3D空间中的单个对象和旋转3D空间中的多个对象。

1.　在3D空间中旋转单个对象

操作步骤：

（1）新建一个Flash文档，将一影片剪辑对象放置到舞台上，如图4-45所示。

图4-45　添加影片剪辑

（2）在工具面板中选择3D旋转工具 ◐，并选择该影片剪辑对象。此时在该对象中心会出现一个图标，该图标的中间由一条红色和一条绿色的线条组成十字形，十字形外围由蓝色和红色的圆圈组成，如图4-46所示。

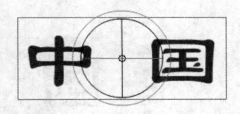

图4-46　在影片剪辑对象上实施3D旋转工具

（3）当光标移动到红色（x轴）的中心线时，光标右下角会出现一个x标记，表示用于x轴调整，调整x轴的效果如图4-47所示。

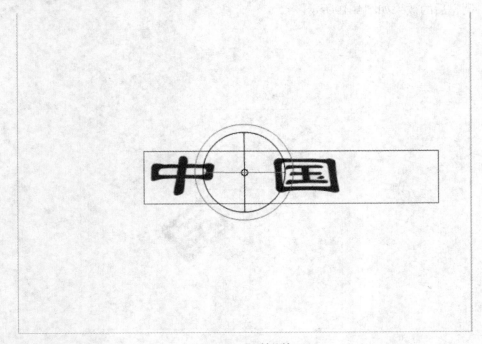

图4-47　绕x轴旋转

（4）将光标移动到绿色水平线（y轴）时，光标右下角会出现一个y标记，用于y轴调整，调整后的效果如图4-48所示。

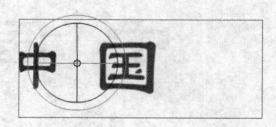

图4-48　绕y轴旋转

（5）将光标移动到蓝色圆圈（z轴）时，光标右下角会出现一个z标记，表示用于z轴调整，调整后的效果如图4-49所示。

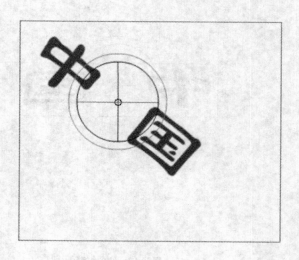

图4-49　绕z轴旋转

（6）将光标移动到橙色圆圈时，可对图像进行x轴和y轴的综合调整，调整后的效果如图4-50所示。

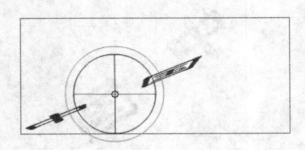

图4-50 绕x轴、y轴旋转

（7）当我们单击中心点，并按住鼠标左键不放并拖动时，能够移动其中心点，如图4-51所示。

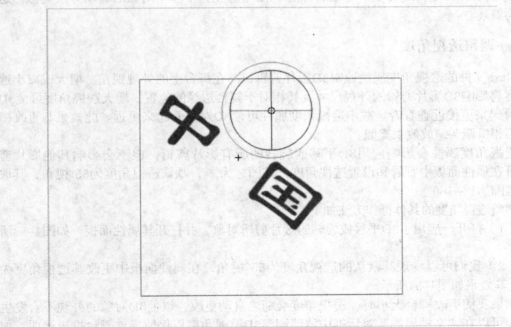

图4-51 移动中心点

（8）将中心点改变后，再对其沿z轴旋转的效果如图4-52所示。

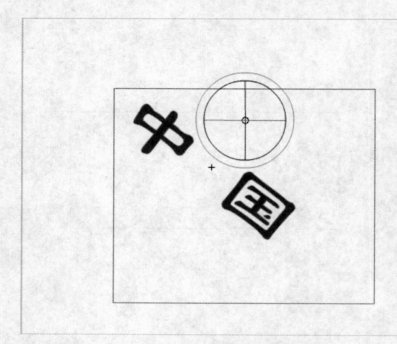

图4-52　改变中心点的z轴旋转

2. 在3D空间中旋转多个对象

使用3D旋转工具旋转多个对象的方法与3D平移工具中多个对象的移动方法类似，这里不再赘述。

4.4.4　调整透视角度

Flash文件的透视角度属性控制3D影片剪辑视图在舞台上的外观视角。增大或减小透视角度将影响3D影片剪辑的外观尺寸及其相对于舞台边缘的位置。增大透视角度可使3D对象看起来更接近查看者。减小透视角度属性可使3D对象看起来更远。此效果与更改视角的照相机镜头缩放效果类似。

透视角度属性会影响应用3D平移或旋转的所有影片剪辑，但不会影响其他影片剪辑。可在属性面板中查看和设置透视角度，其图标为 ，默认透视角度为55°视角，其取值的范围为1°~ 180°。

调整透视角度的具体操作方法如下：

（1）打开一应用了3D平移或旋转的影片剪辑对象，并打开其属性面板，如图4-53所示。

（2）我们可以发现其默认的透视角度为55°视角，在属性面板中更改其透视角度为155°，其效果如图4-54所示。

如果我们更改舞台大小时，透视角度会随之自动更改，以使3D对象的外观不会发生改变。可以在"文档属性"对话框中取消调整3D透视角度以保留当前舞台投影选项，如图4-55所示。

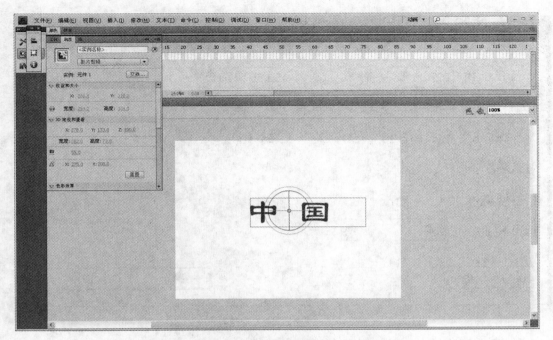

图4-53　应用3D平移或旋转的对象的属性面板及舞台效果

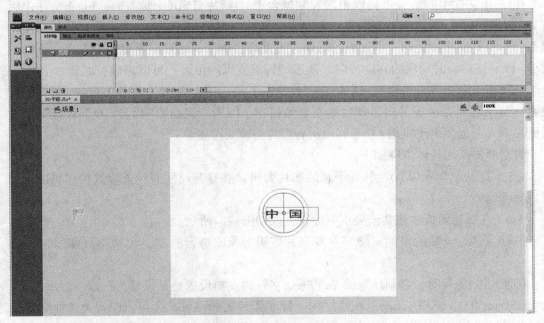

图4-54　更改透视角度为155°的效果

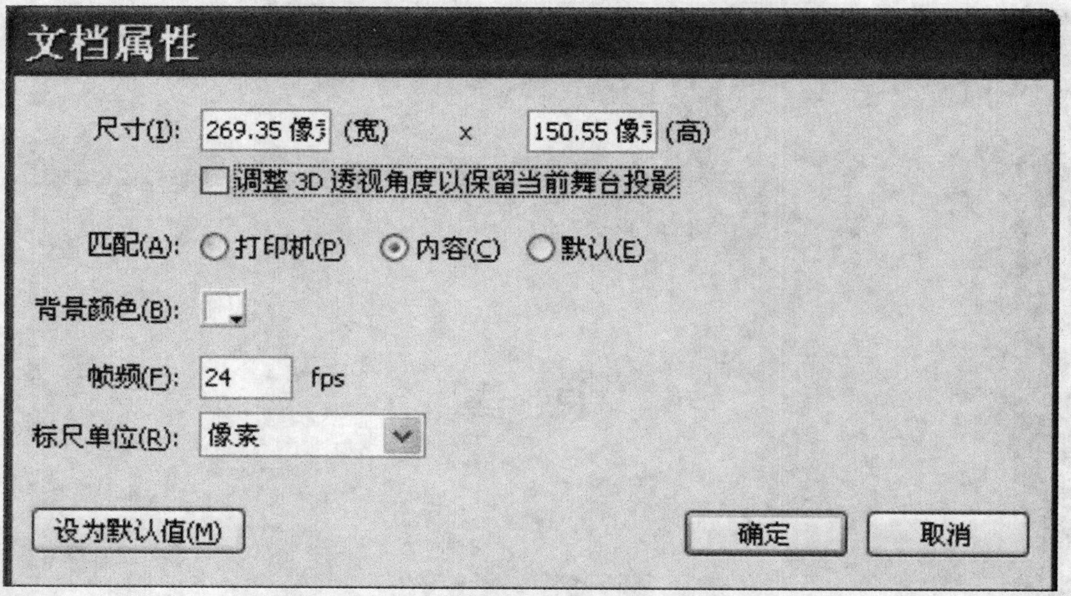

图4-55 "文档属性"对话框

4.4.5 调整消失点

在Flash文件中的消失点属性用来控制舞台上3D影片剪辑的z轴方向。Flash文件中所有3D影片剪辑的z轴都朝着消失点后退。它会影响应用z轴平移或旋转的所有影片剪辑，但不会影响其他影片剪辑。消失点的默认位置是舞台中心。通过重新定位消失点，可以更改沿z轴平移对象时对象的移动方向。通过调整消失点的位置，可以精确控制舞台上3D对象的外观和动画。如若将消失点定位在舞台的左上角 $(0, 0)$，则增大影片剪辑的z属性值可使影片剪辑远离查看者并向着舞台的左上角移动。因为消失点影响所有3D影片剪辑，所以更改消失点也会更改应用z轴平移的所有影片剪辑的位置。

调整消失点的具体步骤如下：

（1）打开一个应用3D旋转或平移的影片剪辑，并打开属性面板查看其相应属性，如图4-56所示。

（2）在属性面板中将其消失点参数设置成如图4-57所示。

（3）当增大z轴的坐标，能够发现影片剪辑对象向舞台的左上角移动，如图4-58所示。

在使用3D工具时，必须注意的是，Flash文件的发布设置必须设置为Flash Player 10和ActionScript 3.0。使用ActionScript 3.0时，除了影片剪辑之外，还可以向对象（如文本、FLV Playback组件和按钮）应用3D属性。同时不能对遮罩层上的对象使用3D工具，包含3D对象的图层也不能用作遮罩层。

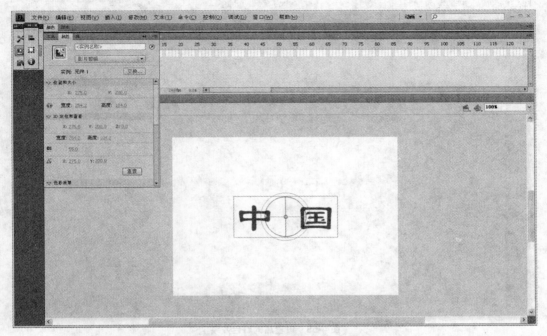

图4-56　3D旋转或平移的影片剪辑的属性面板及舞台效果

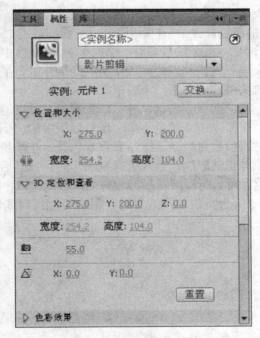

图4-57　消失点参数设置

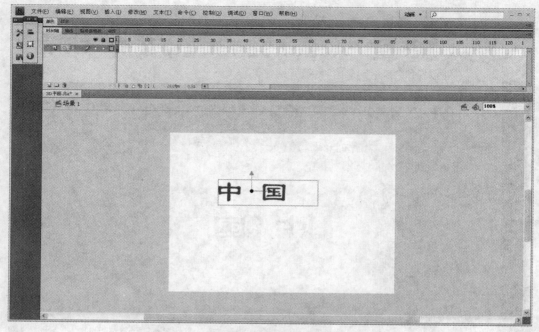

图4-58　设置后的舞台效果

4.5　动画场景

在制作主题动画或大型动画时，我们可以使用场景。在使用场景时，不需管理大量的Flash文件，因为每个场景都包含在单个Flash件中。使用场景类似于使用几个Flash文件一起创建一个较大的动画作品。每个场景都有一个时间轴。文档中的帧都是按场景顺序连续编号的。文档中的各个场景将按照场景面板中所列的顺序进行播放。当播放头到达一个场景的最后一帧时，播放头将前进到下一个场景。

我们可以通过窗口、其他面板、场景来显示场景面板；可以通过插入、场景或单击场景面板中的"添加场景"按钮来添加场景；单击场景面板中的"删除场景"按钮来删除场景；单击场景面板中的"直接重置场景"按钮来重置场景；在场景面板中将场景名称拖到不同的位置来更改文档中场景的顺序；通过选择视图，转到，然后从子菜单中选择场景的名称来查看特定场景。读者可自行练习场景的相应操作。

当场景与ActionScript结合实现动画效果时，很有可能因时间轴冲突而产生意外的结果，所以需要我们格外注意。

4.6　本章小结

本章主要介绍了应用Flash制作高级动画的方法。包括使用引导线创建引导层动画；遮罩层动画设计与制作；通过骨骼运动创建骨骼动画；应用3D工具设置3D旋转与平移等操作，应用这些动画制作思想和制作方法，我们能够设计出更为炫目、更具表现力的动画效果。

第5章 ActionScript脚本技术

本章重点

- 了解ActionScript的开发环境。
- 理解ActionScript的基本语法与编程思想。
- 理解ActionScript中面向对象的概念。
- 掌握基本ActionScript命令。
- 掌握属性和事件的设置和处理方法。
- 掌握控制影片剪辑的方法。

5.1 ActionScript概述

ActionScript语言是Flash提供的一种动作脚本语言。它是一种面向对象的语言，在ActionScript动作脚本中包含了动作、运算符、对象等元素，可以将这些元素组织到动作脚本中，然后指定要执行的操作，能更好地控制动画元件，实现许多无法以时间轴表示的有趣或复杂的功能，如交互性、数据处理、数据通信等操作。正是ActionScript的应用，才使Flash受到广泛的使用和更多的喜爱。

在此之前，Flash的脚本有ActionScript 1.0和ActionScript 2.0。ActionScript 3.0 的脚本编写功能超越了ActionScript的早期版本。使用该脚本技术能够方便地创建拥有大型数据集和面向对象的可重用代码库的高度复杂应用程序。它使用新型的虚拟机AVM2实现了性能的改善，其代码的执行速度可以比之前的ActionScript代码快10倍。

5.2 开发环境

5.2.1 动作面板

在Flash CS4中，使用动作面板或脚本窗口来编写ActionScript代码。 我们对脚本的所有编辑操作都要在动作面板中实现，可以选择"窗口" ｜ "动作"来打开动作面板，如图5-1所示。动作面板由动作工具箱、脚本导航器、脚本窗口组成。

其中，动作工具箱用于浏览各种ActionScript版本的核心语言元素。它能够快速将ActionScript元素插入到脚本窗口中，我们可以双击动作工具箱中的该元素，或直接将它拖动到脚本窗口中，使用面板工具栏中的 ⬮ 按钮也能实现相同功能。

脚本导航器用于显示包含脚本的Flash元素（影片剪辑、帧和按钮）的分层列表。使用脚本导航器可在Flash文档中的各个脚本之间快速移动。若单击脚本导航器中的某一项目，与该项目关联的脚本将显示在脚本窗格中，并且播放头将移到时间轴上的相应位置。若双击脚本导航器中的某一项目，可将脚本锁定在当前位置。

脚本窗口是我们输入程序代码的地方。它提供了一个全功能的ActionScript编辑器，其中包括代码提示和着色、代码格式设置、语法加亮显示、语法检查、调试、行号、自动换

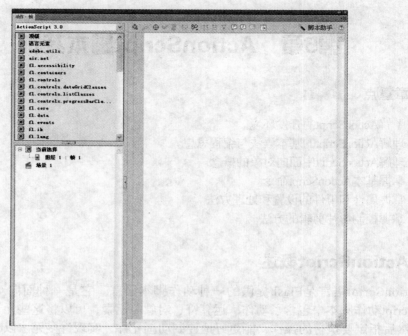

图5-1 动作面板

行等功能，并支持Unicode。在脚本窗口的顶端包含了常用的功能按钮，它有助于简化编码，如图5-2所示。

图5-2 脚本窗口

将新项目添加到脚本中：与动作面板作用相似。

插入目标路径：其作用是引用时间轴上的元件实例。点击该按钮会弹出如图5-3所示的对话框。提示选择语句或函数要操作的目标对象。

从图5-3可看出，目标路径分为相对路径和绝对路径两种。此处使用相对路径插入，相对路径指插入的目标相对于当前对象的位置。它仅包含与脚本在 Flash文件中的地址不同的部分地址，如果脚本移动到另一位置，则地址将会失效。在对话框中的this表示当前对象或实例。绝对路径是指目标相对于主时间轴的位置。它包含实例的完整地址，如图5-4所示。标志符root代表了指向主时间轴的引用。

提供语法检查功能。当我们编写完脚本程序后，可以点击该按钮，系统会自动对脚本窗口中的代码进行检查，当代码中无错误时会提示无错误；若有错误时，会弹出有错误的对话框同时打开编译器错误输出面板，显示错误信息，如图5-5所示。

调试选项按钮：用于在脚本中设置和删除断点，便于调试Flash程序时可逐行跟踪脚本中的每一行代码，以便逐行发现问题。设置断点后在该行的行号前会出现一个红点。

脚本助手 按钮：使用脚本助手模式可以在不亲自编写代码的情况下将ActionScript 添加到 Flash文件。

点击"脚本助手"按钮，当前动作面板状态即可变成脚本助手模式，该模式允许用户

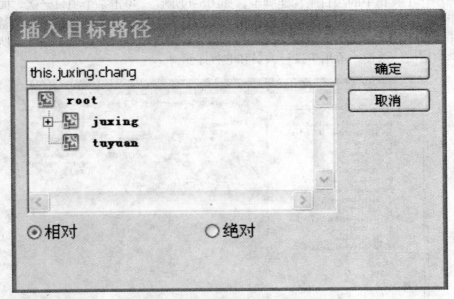

图5-3　"插入目标路径（相对）"对话框

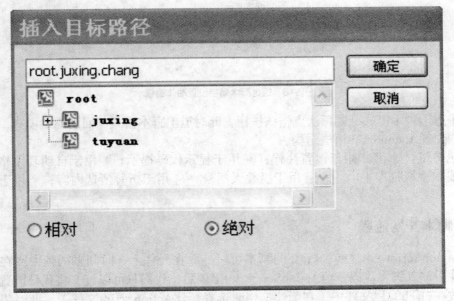

图5-4　"插入目标路径（绝对）"对话框

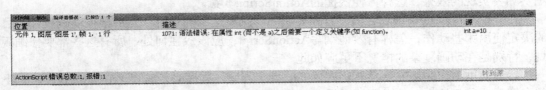

图5-5　编译器错误输出面板

通过选择动作工具箱中的项目来构建脚本，如图5-6所示。单击某个项目一次，面板右上方会显示该项目的描述。用于输入每个动作所需的参数。双击某个项目，该项目就会被添加到动作面板的脚本窗口中。使用该模式必须对完成特定任务应使用哪些函数有所了解，但不必学习语法。该模式适用于设计人员和非程序员。

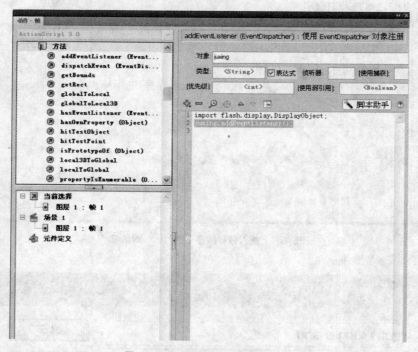

图5-6　通过脚本助手设置动作面板

若想退出脚本模式，则再次点击该按钮，此时退出脚本模式，回到原始模式，该模式需要用户熟悉ActionScript语法结构。

其他按钮，⊙和⊙用于设置注释；⊙用于显示代码提示；▤用于自动套用格式；⊙用于查找和替换脚本中内容；⊙用于折叠大括号；⊟用于折叠所选内容；⊙用于展开全部内容。

5.2.2　脚本开发流程

在ActionScript 2.0之前，Flash的脚本可以加载在元件上，时间轴的帧中或在专门的编程文件中输入脚本代码，但ActionScript 3.0出现后，我们只可以统一将代码放置在帧上或专门放在Flash编程文件中（在新建文档时选择新建ActionScript文件），此时将会出现"脚本编辑"窗口，Flash场景、Flash工具等其他面板在文档中不可用。我们可以根据动画实际要实现的效果，选择方便快捷的ActionScript环境。

在开始编写ActionScript之前，首先要明确动画要达到的目的，然后根据动画设计的目的决定使用哪些动作，怎样有效地编写ActionScript，应该放在何处，所有这些都要仔细规划，特别是在动画复杂的情况下更应如此。

然后使用动作面板输入具有相应功能的脚本程序，程序必须符合ActionScript语法（下节介绍），若不符合，会出现编译错误。

当程序编写完毕时，我们通常可以点击 ✓ 按钮进行语法检查，在没有语法错误之后，单击控制菜单中的测试影片操作或使用Ctrl+Enter进行影片测试，此时就会将程序执行结果在输出面板或测试场景中显示出来。

5.3　ActionScript语法

ActionScript语法是ActionScript编程中最重要的环节之一，ActionScript的语法相对于其他的一些专业程序语言来说较为简单。ActionScript动作脚本具有特定语法和标点规则，这些语法规则决定了如何编写Flash脚本代码和Flash程序的相应结构。ActionScript程序一般由语句、函数和变量组成，主要涉及常量、变量、函数、数据类型、表达式和运算符等。

5.3.1　编程基础

ActionScript是一种面向对象的编程语言，对象是ActionScript 3.0语言的核心，它们是ActionScript 3.0语言的基本构造块。我们所声明的每个变量、所编写的每个函数以及所创建的每个类实例都是一个对象。可以将ActionScript 3.0程序视为一组执行任务、响应事件以及相互通信的对象。在ActionScript 3.0中，对象只是属性的集合。这些属性是一些容器，除了保存数据，还保存函数或其他对象。以这种方式附加到对象的函数称为方法。而类由存储类的属性和方法的类对象表示而不仅仅是抽象实体。并且每个ActionScript类都有一个原型对象。如果我们想在类的所有实例中共享某个属性及其值，可以使用原型对象来代替静态属性和方法。新的ActionScript语言提供了一系列的优点和更成熟的机制，能够大大改善Flash Player和Adobe AIR的性能。

5.3.2　编程语法

1. ActionScript的数据类型

数据类型用于描述变量或动作脚本元素可以存储的数据信息。在Flash中包括两种数据类型，即简单数据类型和复杂数据类型。简单数据类型包括布尔型、整型数、浮点型数、字符串等，它们都有一个常数值，因此可以包含它们所代表的元素的实际值；复杂数据类型是指影片剪辑元件、按钮元件和日期等，其值复杂且容易发生更改，因此它们包含对该元素实际值的引用。此外，在Flash中还包含有两种特殊的数据类型，即空值和未定义。

在数据类型概念中我们还经常提到类和对象（详见5.4节），类是数据类型的定义，而对象仅仅是类的一个实际的实例。例如：变量hello的数据类型是int，则下列说法等同：

变量hello是一个 int 实例；

变量hello是一个 int 对象；

变量hello是int 类的一个实例。

2. 变量和常量

变量是在动作脚本中可以变化的量，在动画播放过程中可以更改变量的值，还可以记录和保存用户的操作信息、记录影片播放时更改的值或评估某个条件是否成立等。ActionScript 3.0中的变量包含变量的名称、数据类型和变量值3部分。必须使用var语句和变量名结合使用来声明变量，如声明变量i的方法为：

var i;

若在声明时省略了var，则在严格模式下将出现编译器错误，在标准模式下将出现运行时错误。

用户可通过在变量名后加一个冒号（：）并后跟一变量类型的方法来指定变量类型。如声明一int型的变量i：

var i：int；

若在声明变量时不指定变量类型也是合法的，但在严格模式下将产生编译器警告。

变量在程序中都有存在的有效代码区域即变量的作用域。在ActionScript中具有全局变量和局部变量两种。全局变量是指在脚本代码的所有区域中定义的变量。它是在任何函数或类定义的外部定义的变量。局部变量是指仅在代码的某个部分定义的变量。我们可以通过在函数定义内部声明变量来将它声明为局部变量。在函数内部声明的变量仅存在于该函数中，该变量在函数外部将不可用。

常量指在程序中始终保持不变的量。其声明方法与变量声明相同，只是使用const关键字而不使用var关键字：

const CON：int=10；

3. ActionScript函数

在ActionScript中，函数是一个动作脚本的代码块，可以在任何位置重复使用，减少代码量，从而提高工作效率，同时也可以减少手动输入代码时引起的错误。在Flash中可以直接调用已有的内置函数，例如使用trace()函数实现向系统的输出面板输出相应消息。也可以创建自定义函数，然后进行调用。

定义函数需要使用function关键字，我们可以在动作面板的动作工具箱中的语言元素、语句、关键字和指令中的定义关键字找到function，用于定义函数。我们可以通过函数语句和函数表达式两种方法来定义函数。

函数语句是在严格模式下定义函数的首选方法。函数语句以function关键字开头，后跟：函数名、用小括号括起来的逗号分隔参数列表和用大括号括起来的函数体，即在调用函数时要执行的ActionScript代码组成，例如：

```
function shuchu(sc:String) {
trace(sc);
}
```

以上代码定义了名字为shuchu的函数，它有一个sc参数，该函数的作用将参数sc的内容输出到输出面板中显示，接下来通过下列方法实现真正调用shuchu函数，实现将hello输出到输出面板中：

shuchu("hello");

声明函数的第二种方法就是结合使用赋值语句和函数表达式，函数表达式有时也称为函数字面值或匿名函数。这是一种较为繁杂的方法，在早期的ActionScript版本中广为使用。

带有函数表达式的赋值语句以var关键字开头，后跟：函数名、冒号运算符 (:)、指示数据类型的 Function 类、赋值运算符 (=)、function 关键字、用小括号括起来的逗号分隔参数列表和用大括号括起来的函数体（即在调用函数时要执行的ActionScript代码）。上述程序用函数表达式的方法定义和实现如下：

```
var shuchu:Function=function(sc:String)
{
trace(sc);
};
shuchu("hello");
```

函数常用于复杂和交互性较强的动作制作中。

4. ActionScript运算符

ActionScript中的表达式都是通过运算符连接变量和数值的。运算符是在进行动作脚本编程过程中经常会用到的元素，使用它可以连接、比较、修改已经定义的数值。ActionScript中的运算符分为数值运算符、赋值运算符、逻辑运算符、等于运算符等。

5. ActionScript结构语句

ActionScript的程序控制方法比较简单，和常用的一些程序语言的控制方法大致相同。这些语句都放在动作工具箱语言元素中的语句、关键字和指令中的语句工具中。

（1）条件控制语句。

ActionScript 3.0提供了3个可用来控制程序流的基本条件语句。

·if...else

使用 if...else 条件语句可以测试一个条件，如果该条件存在，则执行一个代码块；如果该条件不存在，则执行替代代码块。例如，下面的代码测试x的值是否超过100，如果是，则生成一个 trace() 函数，输出x值大于100；如果不是，则输出x值小于等于100：

```
if (x > 100)
{
    trace("x is > 100");
}
else
{
    trace("x is <= 100");
}
```

如果不想执行替代代码块，则可以仅使用 if 语句，而不用 else 语句。

·if...else if

可以使用if...else if条件语句测试多个条件。例如，下面的代码不仅测试x的值是否超过100，而且还测试x的值是否为负数：

```
if (x > 100)
{
    trace("x is > 100");
}
else if (x < 0)
{
    trace("x is negative");
}
```

如果if或else语句后面只有一条语句，则无须用大括号括起该语句。建议始终使用大括号，因为以后在缺少大括号的条件语句中添加语句时，可能会出现意外的行为。

· switch

如果多个执行路径依赖于同一个条件表达式，则switch语句非常有用。该语句的功能与一长段if...else if系列语句类似，但是更易于阅读。switch语句不是对条件进行测试以获得布尔值，而是对表达式进行求值并使用计算结果来确定要执行的代码块。代码块以case语句开头，以break语句结尾。例如，下面的switch语句基于由Date.getDay()方法返回的日期值输出周几的信息：

```
var someDate:Date = new Date();
var dayNum:uint = someDate.getDay();
switch(dayNum)
{
    case 0:
      trace("周日");
      break;
    case 1:
      trace("周一");
      break;
    case 2:
      trace("周二");
      break;
    case 3:
      trace("周三");
      break;
    case 4:
      trace("周四");
      break;
    case 5:
      trace("周五");
      break;
    case 6:
      trace("周六");
      break;
    default:
      trace("超出范围");
      break;
}
```

（2）循环控制语句。

循环语句使用一系列值或变量来反复执行一个特定的代码块。需要用大括号（{}）来括起代码块，在代码块中只包含一条语句时可省略大括号，但不建议这样做。

· for

使用for循环可以循环访问某个变量以获得特定范围的值。必须在for语句中提供3个表达式：一个设置了初始值的变量，一个用于确定循环何时结束的条件语句，以及一个在每次循环中都更改变量值的表达式。例如，下列代码将输出：

```
        1
        2
var i:int;
for (i = 1; i < 3; i++)
{
        trace(i);
}
```

・for...in

for...in循环访问对象属性或数组元素。例如，访问通用对象的属性（不按任何特定的顺序来保存对象的属性，因此属性可能以看似随机的顺序出现）：

```
var dx:Object = {x:100, y:200};
for (var i:String in dx)
{
        trace(i + ": " + dx[i]);
}
```

此时输出 *x*: 100

  y: 200

还可以循环访问数组中的元素：

```
var sz:Array = ["100", "200"];
for (var i:String in sz)
{
        trace(sz[i]);
}
```

此时输出：

    100

    200

如果对象是自定义类的一个实例，则除非该类是动态类，否则将无法循环访问该对象的属性。即便对于动态类的实例，也只能循环访问动态添加的属性。

・for each...in

for each...in循环用于遍历集合中的项，这些项可以是XML或XMLList对象中的标签、对象属性保存的值或数组元素。可以使用for each...in循环来循环访问通用对象的属性，但是与for...in循环不同的是，for each...in循环中的迭代变量包含属性所保存的值，而不包含属性的名称，下列程序完成与上例同样的功能：

```
var dx:Object = {x:100, y:200};
for each (var i in dx)
{
        trace(i);
}
```

·while

while 循环与 if 语句相似，只要条件为true，就会反复执行。例如，下面的代码与for循环示例生成的输出结果相同：

```
var i:int = 1;
while (i < 3)
{
    trace(i);
    i++;
}
```

·do...while

do...while循环是一种while循环，保证至少执行一次代码块，这是因为在执行代码块后才会检查条件。下面的代码显示了do...while循环的一个简单示例，该示例在条件不满足时也会生成输出结果：

```
var i:int = 3;
do
{
    trace(i);
    i++;
} while (i < 3);
输出: 3
```

6. 命名规则和注意事项

（1）用户在自定义标志符时需要注意ActionScript 3.0中标志符的首字符不能是数字或特殊字符，并且不能使用ActionScript 3.0中的关键字和保留字。

（2）ActionScript 3.0是一种区分大小写的语言。例如，下面代表的是两个不同的变量：

```
var length：int;
var Length：int;
```

（3）同其他语言相似，可以使用分号（；）来结束一条语句。如果我们省略分号，编译器将假设每一行代码代表一条语句。

（4）可以通过点运算符（．）来访问对象的属性和方法。例如：在舞台定义一个实例名称为hello的影片剪辑，下列代码将其x轴坐标属性赋值为100：

```
hello.x=100;
```

（5）可以给脚本程序加注释，动作面板中的 和 用于设置注释，其中 用于设置单行注释，而 用于设置多行注释。

5.4　对象和类

　　ActionScript是面向对象的编程语言，对象和类是其中非常重要的概念。在ActionScript 3.0 中，每个对象都是由类定义的。类定义中可以包括变量和常量以及方法，前者用于保存数据值，后者是封装绑定到类的行为的函数。

　　与其他面向对象的编程语言类似，ActionScript中包含许多属于核心语言的内置类。如Number、String、Array、Math等。所有的类都是从Object类派生的。我们可以使用 class关键字来定义自己的类。在方法声明中，可通过以下3种方法来声明类属性：用const关键字定义常量，用var关键字定义变量，使用特定方法定义和获取相应属性。可以用function关键字来声明方法。可使用new运算符来创建类的实例，即对象。事实上，我们已经在Flash中处理过对象，这些对象就是我们之前频繁使用到的元件实例。例如我们定义了一个影片剪辑元件，并且将其拖放到了舞台上，则该影片剪辑实例就是ActionScript中MovieClip（影中剪辑）类的一个实例对象，我们可以在属性面板中指定其实例名称，则该实例名称就可以作为ActionScript程序中对象的名称使用，通过程序操纵该实例名称达到操控舞台中影片剪辑的目的。

　　任何对象都包含属性、方法和事件3种特性。属性表示与对象绑定在一起的若干数据项的值，如一影片剪辑的颜色、透明度等内容。方法是对象执行的操作，如动画播放、停止等。事件是指用户或系统内部引发的、可被ActionScript识别并响应的事情，如鼠标单击、按键控制等事件。通过对对象的3种特性的描述和控制，能够有效地对其进行操控，从而制作出功能强大、视觉效果突出的动画交互作品。

5.5　属性与事件

　　属性是一个对象的相应特征。在Flash中，有些对象的特定属性需要掌握。

5.5.1　对象坐标

　　任何能够在舞台定义的可视对象都具有相应的外观特征，我们可以通过该对象的属性面板查看和设置，也可以在ActionScript脚本中查看和设置。以影片剪辑对象为例，我们通过影片剪辑属性面板可以看到影片剪辑对象具有位置坐标属性、宽度和高度等属性。为了了解影片剪辑的位置信息，首先应该了解舞台的坐标特征。

　　1. 舞台的坐标

　　我们可以把舞台看做是具有水平（x轴）和垂直（y轴）的平面图形。舞台上的任何位置都可以表示成x和y值对，即该位置的坐标。通常舞台坐标原点即x轴和y轴相交的位置，其坐标为（0,0），该位置位于舞台的左上角。越往右，x轴上的值越大；越往左越小。其y轴的值越往下越大，越往上越小。其坐标轴的分布示意图如图5-7所示。

　　2. 对象的坐标

　　一般可视元件对象的坐标与创建该元件时设置的注册点有关，该注册点在Flash中显示为一十字，此时的对象的坐标指从舞台坐标原点到该十字的x轴距离和y轴距离。例如，我们使用矩形工具创建了一个注册点为左上角（图5-8），x轴坐标为200，y轴坐标为100的影片剪辑对象，其效果如图5-9所示。

　　在舞台上新建一图层2，然后进入元件1内部，并将该矩形复制到图层2上，并通过属

图5-7　坐标轴的分布示意图

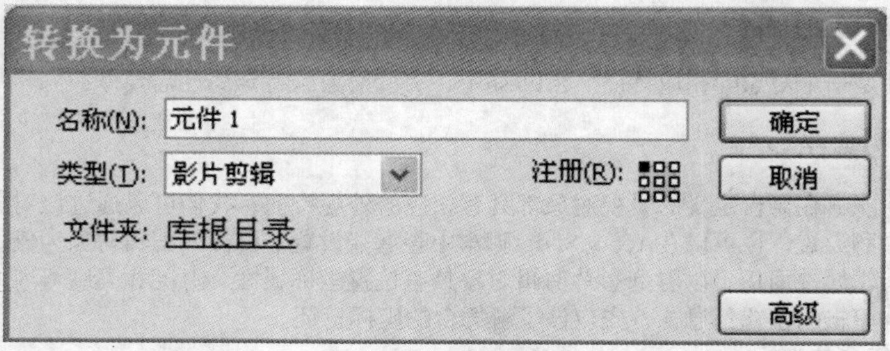

图5-8　元件注册点设置

性面板将该矩形的x轴坐标改为200，y轴坐标改为100，再次将该矩形转换成名称为元件2的影片剪辑对象，同时将其注册点改为中心位置，如图5-10所示，此时我们再次查看其x轴坐标为290，y轴坐标为153，如图5-11所示。

从上例我们可以看出，对象的x轴坐标和y轴坐标属性与该对象的注册点密不可分，若注册点位置改变，即使是放置在舞台上同一位置的对象的x轴和y轴的坐标也不同。

有时，我们还需要在实例对象的内部再新建某元件，实现元件中嵌套元件的对象。例如，在上例的元件1中选中矩形，再转换为注册点在左上角的影片剪辑对象元件3，此时我们再查看元件3的属性，发现元件3的x轴和y轴坐标都是0，即该元件注册点相对于元件1的注册点的垂直距离。

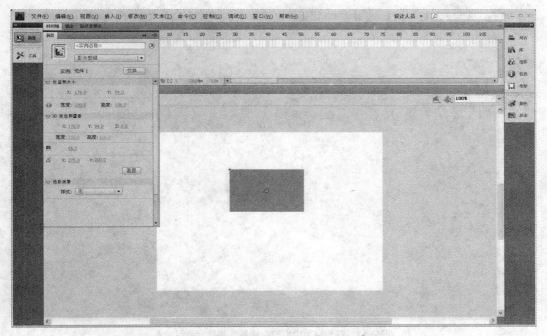

图5-9 注册点为左上角的坐标属性和舞台显示效果

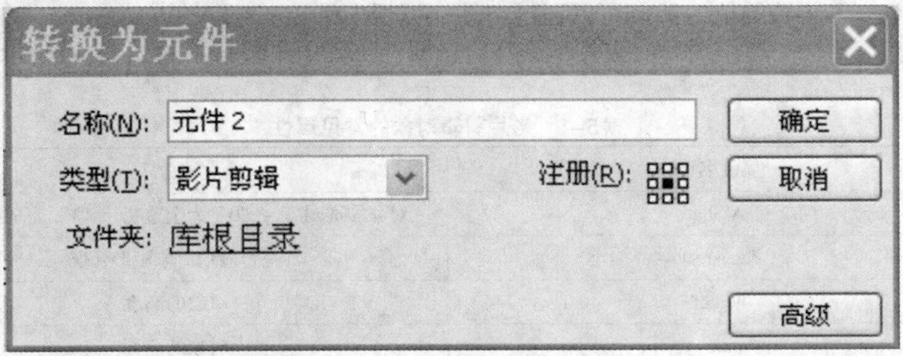

图5-10 注册点设置为中心

　　我们可以在属性面板中"实例名称"文本框中输入相应名称作为脚本中对象的名称，用于控制对象的操作，如我们给实例2的实例名称为juxing_mc，可以在脚本中使用点语法（.）来设置和操作属性，我们可以使用juxing_mc.x获取实例2的x轴坐标，使用juxing_mc.y获取y轴坐标，实现获取对象的属性操作，同样，我们可以使用赋值语句对juxing_mc对象的x轴坐标和y轴坐标进行设置，其语句如下：

juxing_mc.x=220;
juxing_mc.y=200;

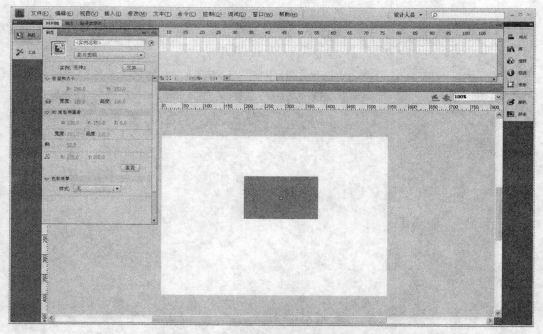

图5-11　注册点为中心的坐标属性和舞台显示效果

3. 影片剪辑对象的属性

影片剪辑对象是我们常用的对象类型，它有很多属性，涉及对象的位置、大小、角度、透明度等属性的值，我们可以通过在动作面板中flash.display包中的MovieClip（其含义即为影片剪辑）项中的属性来查看影片剪辑属性，其中比较常用的如表5-1所示。

表5-1　影片剪辑对象的常见属性

属性名称	含义
Alpha	对象的透明度，"0"为全透明，"1"为全不透明
focusrect	是否显示对象矩形外框
height	对象的高度
name	对象的名称
rotation	对象的旋转或放置角度
visible	对象是否可见
width	对象的宽度
x	对象的x轴坐标
scale$x$	对象在x轴的缩放比例
y	对象的y轴坐标
scale$y$	对象在y轴的缩放比例

上述列表中的所有属性均可通过点语法和赋值语句来获取或设置相应属性的值。不仅如此，几乎所有对象的属性都可以使用这些方法进行设置和获取，实现通过脚本对对象的属性操作。

5.5.2 事件

在Flash中，经常需要对某些特定情况进行响应，如鼠标的单击或双击、用户的键盘输入操作等，这些统称为事件。在ActionScript 3.0中，每个事件都由一个事件对象表示。事件对象是Event类或其某个子类的实例。事件对象不仅存储有关特定事件的信息，还包含便于操作事件对象的方法。例如，当Flash检测到鼠标单击时，它会创建一个事件对象即MouseEvent类的实例以表示该特定鼠标单击事件。创建事件对象之后，Flash将该事件对象传递给作为事件目标的对象。作为事件对象目标的对象称为事件目标。我们可以使用事件监听器监听代码中的事件对象。事件监听器是编写的用于响应特定事件的函数或方法。为了确保我们编写的程序能够响应事件，必须将事件监听器添加到事件目标。事件监听器的基本结构如下：

```
function 事件响应函数名称(监听事件对象:事件类型):void
{
    为响应事件执行的相应操作
}
事件目标.addEventListener(监听事件类型.监听属性, 事件响应函数名称);
```

此代码完成两项任务。首先，它定义一个函数，在该函数中定义为响应事件而执行的动作，即我们所说的监听器。接下来，事件目标调用addEventListener()方法，实际上就是为事件目标增加监听器，其作用是监视事件是否发生。当事件实际发生时，事件目标将检查事件监听器的所有函数和方法。然后，它依次调用每个对象，将事件对象作为参数进行传递。下面以具体实例介绍事件响应过程。

【实例】单击矩形，矩形发生移动

【目的】掌握事件响应过程。

【操作过程】

（1）新建一个Flash文档，在舞台中新建一矩形影片剪辑对象，颜色大小任意，并将其属性面板中的实例名称输入为juxing_mc，如图5-12所示。

（2）选中时间轴的第1帧，然后选择"窗口"｜"动作"命令，打开"动作"窗口，在其中输入ActionScript 3.0脚本程序。为了实现鼠标单击矩形元件，该元件发生移动操作，我们必须明确事件名称、事件目标和事件监听器。只有当发生鼠标单击时，才会发生相应操作，则鼠标单击是事件名称。那么，单击完鼠标时，会发生什么操作呢，答案是元件发生移动，则事件监听器是单击鼠标后发生元件移动操作，所以我们要定义一个函数，该函数实现元件的移动操作。最后我们要确定事件目标，即将单击事件发生在哪个对象上呢？我们发现只有单击矩形时，才会发生相应操作，所以矩形对象即为我们的事件目标，即要将监听器加到矩形对象身上，结合事件监听器的结构，我们设置的脚本代码为：

```
function jx(cs:MouseEvent)            // 定义监听器jx函数，其参数为鼠标事件cs，表明监听器要
                                         监听的鼠标事件,其类型可以省略

{juxing_mc.x=juxing_mc.x+10;}         //该函数要完成矩形对象的移动操作，这里将矩形对象的x
                                         轴坐标加10，到此监听器定义完毕

juxing_mc.addEventListener(MouseEvent.CLICK,jx);
                                      //在矩形对象上增加监听器jx监听鼠标的单击事件，其监视
                                         器名称是参数中设置的jx，参数MouseEvent.CLICK表明监
                                         听器监听的是鼠标事件中的单击属性
```

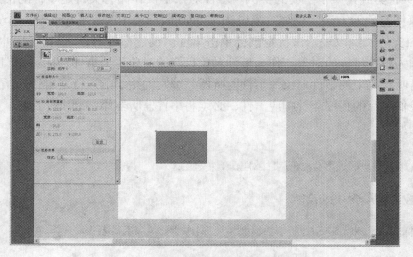

图5-12　矩形对象属性设置与舞台显示效果

（3）使用Ctrl+Enter测试影片，我们发现初始状态时矩形是静止的，未发生任何移动，当鼠标单击矩形时，矩形就会向右发生移动。

上例描述了事件的监听器的编写与设置方法，设置监听器的目的是为了实现程序与用户的交互。那么，表示交互的事件有哪些呢？我们在Flash用得比较多的交互事件大致可以归纳为：鼠标事件、键盘事件、进入帧事件和时间事件。这几类事件放在Flash.events包中。

① 鼠标事件（MouseEvent）：包括鼠标的单击（CLICK）、双击(DOUBLECLICK)、鼠标移入(MOUSE_OVER)、鼠标移出(MOUSE_OUT)、鼠标滚动(MOUSE_WHEEL)等事件类型。

以鼠标滚动为例来控制上例中矩形对象的移动的脚本程序为：

```
juxing_mc.addEventListener(MouseEvent.MOUSE_WHEEL,jt);
function jt(e)
{ juxing_mc.x=juxing_mc.x+10;
}
```

关于其他鼠标交互事件，读者可自行练习。

② 键盘事件（KeyboardEvent）：包括按下键（KEY_DOWN）和松开键(KEY_UP)等。

以按下键为例来控制矩形对象移动的脚本程序为：

```
this.stage.addEventListener(KeyboardEvent.KEY_DOWN,jt);
function jt(e) {
juxing_mc.x=juxing_mc.x+10;
}
```

在该例中，事件目标是当前对象的舞台。通过舞台来监听键盘事件。

有时我们不希望按键操作一直被监听，比如，当我们一直按着键时，我们希望只在第一次按键时被监听，以后的按键都不被监听，此时需要在第一次按键监听后就卸载监听，卸载监听需要使用MovieClip类中的removeEventListener（）方法来卸载监听，以下脚本实现卸载事件：

```
function jx(cs)
{juxing_mc.x=juxing_mc.x+10;
this.stage.removeEventListener(KeyboardEvent.KEY_DOWN,jx);
}
this.stage.addEventListener(KeyboardEvent.KEY_DOWN,jx);
```

我们在程序中经常需要实现通过键盘的某些键的结合使用来控制对象的操作。下面举例实现通过键盘的"↑""↓""←""→"键来控制对象的移动。在该例中需要使用键盘事件中的keyCode属性，其作用是得到按下键或松开键的键值。通过对键盘的"↑""↓""←""→"键的值的测试，我们可知"↑"的值是38，"↓"的值为40，"←"的值为37，"→"的值为39。

【实例】小球对象的控制交互

【目的】掌握通过键盘控制对象的方法。

【操作过程】

（1）新建一个Flash文档，在舞台中新建一个圆形影片剪辑对象，颜色大小任意，并将其属性面板中的实例名称输入为ball_mc，如图5-13所示。

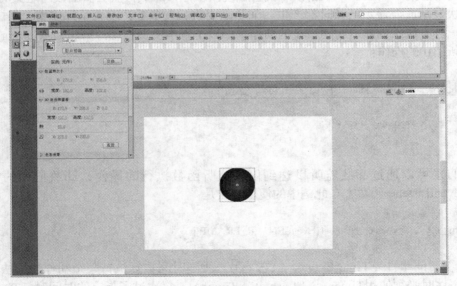

图5-13 设置影片剪辑属性

（2）在时间轴中新建一图层，命名为代码，之前我们都是在元件所在层上实现代码输入，这种方法容易使在图层上的元件操作和代码的设置产生混乱，所以推荐使用单独图层来放置代码。选中代码层的第1帧，打开动作面板，在其中输入如下脚本：

```
this.stage.addEventListener(KeyboardEvent.KEY_DOWN,jt);    //在舞台添加键盘监听器，监听键盘的按下键
function jt(e:KeyboardEvent)                                //监听器函数的实现
{
switch(e.keyCode)                                          //得到键盘的监听事件的键值
{ case 37:                                                 //若其值为37，则按的键是"←"
    ball_mc.x=ball_mc.x−10;                                //将小球对象向左移动10个坐标，以下类似
    break;
    case 38:
      ball_mc.y=ball_mc.y−10;
      break;
    case 39:
      ball_mc.x=ball_mc.x+10;
      break;
    case 40:
      ball_mc.y=ball_mc.y+10;
      break;
   }
}
```

（3）使用Ctrl+Enter测试影片，就会发现通过键盘的"↑""↓""←""→"键能够实现控制小球按不同方向移动。

（4）enterFrame事件：是Flash动画中经常要用到的事件之一。每个显示对象都有enterFrame事件。该事件是event类的属性。它根据SWF文件的帧速率来调度事件，一般情况下，当动画播放头进入一个新帧时就会触发该事件，即执行监听器函数内定义的相应操作。每次显示或要显示新帧时都产生一个动画变化。大多数开发人员都使用enterFrame事件作为一种方法来创建随时间重复的动作。如以下脚本实现将影片剪辑对象juxing_mc的x坐标不断加10的操作：

```
juxing_mc.addEventListener(Event.ENTER_FRAME,jr);
function jr(e:Event)
{juxing_mc.x=juxing_mc.x+10;
}
```

我们也可以通过卸载监听以达到停止监听函数执行的操作，卸载使用的方法即removeEventListener函数，在此例中的使用方法是：

```
juxing_mc.removeEventListener(Event.ENTER_FRAME,jr);
```

（5）时间事件（TimerEvent）：它是另一种随时间重复执行某个动作的方法。在使用时间事件时必须使用Timer类（flash.utils.Timer）。每次过了指定的时间时，Timer实例

都会触发事件通知。可以编写通过处理Timer类的timer事件来执行动画的代码，将时间间隔（单位：毫秒）设置为一个很小的值来实现动作的重复执行。以下脚本仍实现将影片剪辑对象juxing_mc的x坐标不断加10的操作：

```
var sj:Timer=new Timer(1);
sj.addEventListener(TimerEvent.TIMER,jr);

function jr(e:TimerEvent)
{juxing_mc.x=juxing_mc.x+10;

}
sj.start();
```

上段代码首先创建一时间对象sj，并指定触发间隔时间是1ms，然后在sj对象上添加时间事件的监听器，其监听器函数实现将juxing_mc的x坐标加10，即每隔1ms，重复将juxing_mc的x坐标加10的操作。需要注意的是，为了真正施加监听，sj对象需要调用start()函数启动计时器。若要关闭计时器，可以调用stop（）方法实现。创建时间对象sj时，我们还可以给定计时次数的参数，如上述脚本的第一句可改成：

```
var sj:Timer=new Timer(1，10);
```

我们重复将juxing_mc的x坐标加10的操作次数就是10次。

5.6 控制影片剪辑

影片剪辑对于使用Flash创建动画内容并通过脚本程序来控制该内容的人来说是一个重要元素。只要在Flash中创建影片剪辑元件，Flash就会将该元件添加到该Flash文档的库中。默认情况下，此元件会成为MovieClip类(flash.display下)，因此具有MovieClip类的属性和方法。如果我们创建某个影片剪辑元件并将其实例放置在舞台上时，如果该影片剪辑具有多个帧，它会自动以SWF文件的帧速率的速度沿着其时间轴顺序播放，但我们可以通过影片剪辑控制函数对其进行修改。

1. 播放和停止

play() 和 stop() 方法对时间轴上的影片剪辑进行基本控制。play()实现播放，stop()实现停止。可以通过帧上添加动作脚本的方式来控制影片剪辑，还可以通过按钮对影片剪辑进行控制。

【实例】影片剪辑的播放控制

【目的】掌握play()和stop()函数的使用。

【操作过程】

（1）新建一个Flash文档，在舞台中新建一矩形影片剪辑对象，颜色大小任意，并将其属性面板中的实例名称输入为juxing_mc，进入该元件内部，将其内部的矩形转换为另一个影片剪辑对象，并在其内部的时间轴中第1帧到第50帧处创建补间动画，如图5-14所示。

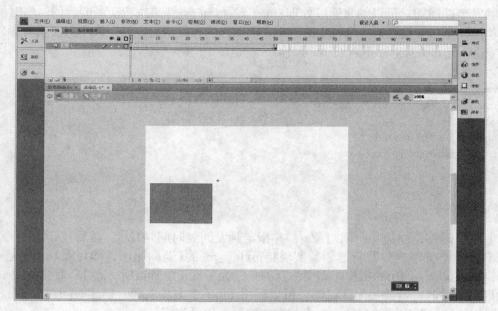

图5-14　创建补间动画的效果

（2）回到主场景中，在第50帧处插入帧，新建一图层，改为代码层，在第25帧处插入关键帧，打开动作面板，在其中输入如下脚本：

```
this.juxing_mc.stop();
```

（3）使用Ctrl+Enter测试影片，就会发现矩形对象在时间轴播放到第25帧处就停止了，其效果如图5-15所示。

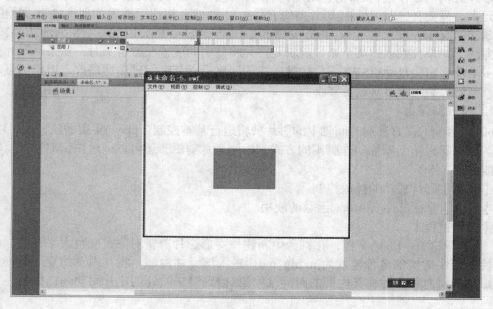

图5-15　运行时的效果

　　我们也可以使用用户交互来实现对影片剪辑动画的控制。例如，上例中我们可以使用按钮来控制影片的播放与停止。我们可以对动画修改为：

　　（1）同上例。

　　（2）回到主场景中，新建一图层，取名代码层，然后再新建一图层，取名按钮层，如图5-16所示。

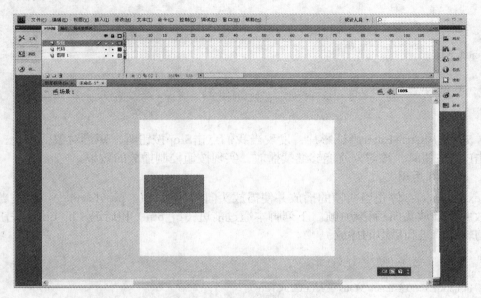

图5-16　创建新图层的效果

　　（3）在按钮层中，公用库按钮中拖出两个按钮，分别选中两个按钮，将其text内容依次换成play和stop，如图5-17所示。返回主场景，在这两个按钮的属性面板中实例名称栏中依次输入bf_btn和tz_btn。

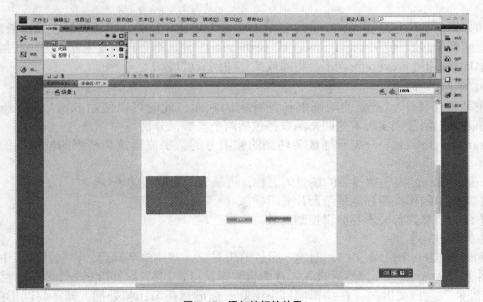

图5-17　添加按钮的效果

（4）选中代码层，在第1帧处打开动作面板，在其中输入如下脚本：

```
bf_btn.addEventListener(MouseEvent.CLICK,bf);
tz_btn.addEventListener(MouseEvent.CLICK,tz);
function bf(e)
{
    this.juxing_mc.play();
}
function tz(e)
{
    this.juxing_mc.stop();
}
```

（5）使用Ctrl+Enter测试影片，发现当我们点击Stop按钮时，矩形对象就停止；当再次点击Play按钮时，该对象就能够继续播放，实现按钮控制播放的效果。

2. 快进和后退

nextFrame()：停止当前帧的播放并使播放头向前移动1帧。prevFrame()：停止当前帧的播放并使播放头向后移动1帧。下列脚本通过前进（qj_btn）和后退（ht_btn）按钮控制影片剪辑的前进和后退的播放：

```
stop();
qj_btn.addEventListener(MouseEvent.CLICK,qj);
ht_btn.addEventListener(MouseEvent.CLICK,ht);
function qj(e)
{this.nextFrame();}
function ht(e)
{this.prevFrame();}
```

如果影片剪辑包含多个帧，正常播放时将会无限循环播放，也就是说在经过最后1帧后将返回到第1帧。使用 prevFrame() 或 nextFrame() 时，不会自动发生此行为（在播放头位于第1帧时调用 prevFrame() 不会将播放头移动到最后1帧）。

3. 画面跳转

在某种条件下，需要使动画跳转到特定的画面，此时可以使用gotoAndPlay() 或 gotoAndStop()函数来实现。这两个函数都包括两个参数，分别是：

frame：Object ——表示播放头转到的帧编号的数字或播放头转到的帧标签的字符串。

scene：String ——要播放的场景的名称，可缺省，表明当前场景。

【实例】制作按钮控制复杂影片剪辑播放

【目的】掌握各种影片剪辑控制函数。

【操作过程】

（1）新建一个Flash文档，创建一影片剪辑对象，并拖放至舞台，在属性面板中将实例名称修改为juxing_mc，然后进入影片剪辑编辑窗口，在第1帧处绘制一个矩形，然后在第6帧处插入空白关键帧，在编辑窗口中绘制一圆形，在第10帧处插入帧（将圆形保留5帧），如图5-18所示。

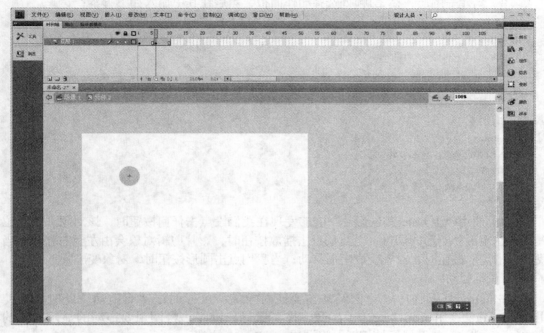

图5-18 绘制圆形的效果

（2）回到主场景中，在第50帧处插入关键帧，将影片剪辑对象放置舞台右侧并创建传统补间动画。新建一图层，从公用库中拖出3个按钮，在其实例名称中依次输入bf_btn、jx_btn和yx_btn进入按钮编辑窗口，依次将按钮上的text修改为播放、矩形和圆形，如图5-19所示。

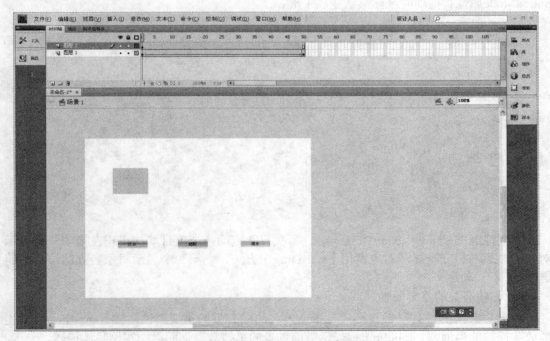

图5-19 创建传统补间动画和修改文本后的效果

（3）新建一图层，在第1帧处选择动作面板，然后在其中输入如下脚本：

```
this.stop();
bf_btn.addEventListener(MouseEvent.CLICK,bf);
yx_btn.addEventListener(MouseEvent.CLICK,yx);
jx_btn.addEventListener(MouseEvent.CLICK,jx);
function bf(e)
{play();}
function yx(e)
{this.tuxing_mc.gotoAndStop(6);}
function jx(e)
{this.tuxing_mc.gotoAndStop(1);}
```

（4）使用Ctrl+Enter测试影片，能够发现在我们没点击任何按钮时，该对象在初始位置不断在矩形和圆形间切换；当我们点击播放按钮时，影片剪辑对象会由左至右移动；当我们点击矩形按钮时，对象变成矩形移动；当我们点击圆形按钮时，对象变成圆形移动。

4. 鼠标拖动

在Flash交互操作中，我们经常需要使对象随着鼠标的拖动而拖动，此时需要使用startDrag（）和stopDrag（）函数。按下鼠标按键时，将调用要拖动的显示对象的startDrag()方法。松开鼠标按键时，将调用 stopDrag() 方法。

startDrag函数：startDrag(lockCenter:Boolean=false,bounds:Rectangle=null)

参数：lockCenter:Boolean指将拖动对象锁定到鼠标位置中央(true)或锁定到用户首次单击该对象时所在的点上（flase）。默认为false。

下列脚本实现拖动一实例名称为yp_mc的影片剪辑，为了视觉效果，我们使用buttonMode属性将拖动时鼠标形状变成手形：

```
yp_mc.addEventListener(MouseEvent.MOUSE_DOWN,a);
yp_mc.addEventListener(MouseEvent.MOUSE_UP,b);
yp_mc.buttonMode=true
function a(e)
{
    startDrag();
}
    function b(e)
{
    stopDrag();
}
```

需要注意的是，使用startDrag() 时，每次只能拖动一个项目。如果正在拖动一个显示对象，然后对另一个显示对象调用了startDrag() 方法，则第一个显示对象会立即停止跟随鼠标。

5. 与帧有关的重要属性

在影片剪辑中，有很多与影片剪辑播放时的帧有关的重要属性。如currentFrame描述播放头播放的当前帧，totalFrames表示当前场景的总帧数。下面以一实例具体描述。

【实例】影片剪辑回放

【目的】掌握影片剪辑的相关属性。

【操作过程】

（1）将第4章中小汽车实例的元件和素材拷贝到ActionScript 3.0的Flash文档中，然后新建一图层，选择动作面板，输入下列脚本代码：

```
this.addEventListener(Event.ENTER_FRAME,hf);          //当程序进入帧时监听
function hf(e)
{
    if(this.currentFrame==1)                           //当前是第1帧时跳至最后1帧
        this.gotoAndStop(this.totalFrames);
else
this.prevFrame();                                      //若不是第1帧，则播放其前1帧
    }
```

（2）使用Ctrl+Enter测试影片，即可看见小汽车向后倒的效果。

5.7　处理场景

在Flash创作环境中，您可以使用场景来区分SWF文件播放时将要经过的一系列时间轴。使用gotoAndPlay() 或 gotoAndStop() 方法不仅可以在一个场景的帧间跳转，还可以在若干个场景间跳转。这两种方法的第二个参数就可以指定要向其发送播放头的场景。所有Flash文件开始时都只有初始场景，但可以通过第4章中创建动画场景的方法创建新的场景，也可以使用preScene()和nextScene()来控制场景播放。

使用场景并非始终是最佳方法，因为场景有许多缺点。包含多个场景的Flash文档可能很难维护。多个场景也会使带宽效率降低，因为发布过程会将所有场景合并为一个时间轴。因此，除非是组织冗长的基于多个时间轴的动画，否则，通常不鼓励使用多个场景。

5.8　本章小结

ActionScript脚本编程是Flash中用于实现交互式动画的主要部分。本章主要介绍ActionScript的语法结构、编程特点等方面。重点介绍使用脚本语言实现对Flash中属性与对象的控制、事件的响应处理等。

第6章 使用组件

本章重点

- 了解组件的概念与Flash中常用的组件。
- 掌握常用UI组件的参数设置及其应用。
- 学会各种组件的综合运用。
- 学会在动作窗口输入动作脚本获取表单元素的值。
- 掌握处理组件事件的应用。
- 掌握视频组件的添加方法。

6.1 组件的基础知识

和任何一种面向对象的程序开发语言一样，ActionScript中也可以使用组件。组件是一种带有参数的影片剪辑，每个组件都有一组独特的动作脚本方法，即使对动作脚本语言没有深入的理解，也可以使用组件在Flash中快速构建应用程序，因此，组件可以被理解为一种动画的半成品。它是用来简化交互式动画开发的一门技术。其特点是可以将应用程序的设计过程和编码过程分开。通过使用组件，开发人员可以创建设计人员在应用程序中能用到的功能。开发人员可以将常用功能封装到组件中，而设计人员可以通过更改组件的参数来自定义组件的大小、位置和行为。通过编辑组件的图形元素或外观，还可以更改组件的外观。在ActionScript中，组件之间共享核心功能，如样式、外观和焦点管理。将第一个组件添加到应用程序时，此核心功能大约占用20千字节的大小。当添加其他组件时，添加的组件会共享初始分配的内存，降低应用程序大小的增长。

Flash CS4中包括ActionScript 2.0组件和ActionScript 3.0组件。二者包含内容不同，ActionScript 2.0组件中包括Data组件、Media组件、User Interface组件和Video组件；而ActionScript 3.0组件简化成User Interface组件和Video组件两类，本书以ActionScript 3.0组件为例介绍，选择窗口组件命令，即可打开如图6-1所示的组件面板。

6.2 常用UI组件

在Flash CS4的组件类型中，User Interface（UI）组件用于设置用户界面，并实现大部分的交互式操作，因此在制作交互式动画方面，UI组件应用最广，也是最常用的组件类别。下面分别对几个较为常用的UI组件进行介绍。

6.2.1 按钮组件（Button）

该组件是一个可调整大小的矩形按钮，用户可以通过鼠标或空格键按下该按钮以在应用程序中启动某种操作。可以给Button添加一个自定义图标，也可以将Button的行为从按下改为切换。在单击切换Button后，它将保持按下状态，直到再次单击时才会返回到弹起状态。

可以在属性面板或组件检查器中为每个按钮实例设置参数，如图6-2所示。以后所介绍的UI组件都可以通过该方法设置参数，按钮的具体参数如下：

· label：设置按钮上显示的字符。

· emphasized：指示当按钮处于弹起状态时按钮周围是否绘有边框。

· toggle：若值为true，则按钮在按下后保持按下状态，直到再次按下时才返回弹起状态。若值为false，则按下后状态不发生变化。其默认值是false。

· selected：若toggle值是true，则该参数指定按钮是处于按下状态（值为true）还是释放状态（值为false）。

· labelPlacement：确定按钮上的标签文本相对于图标的方向。

· enabled：布尔值，指定按钮是否处于启用状态，默认为true。

· visible：布尔值，表示按钮是否可见，默认为true。

后面所介绍的参数有些名称和含义与此组件相同的，不再赘述。

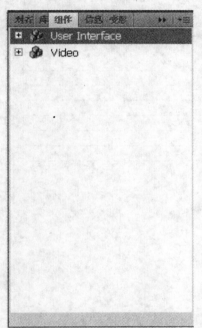

图6-1　组件面板

图6-2　按钮组件检查器

其中每个参数都有对应的同名ActionScript属性。为这些参数赋值时，将设置应用程序中属性的初始状态。在ActionScript中设置的属性会覆盖在对应参数中设置的值。

6.2.2　下拉列表组件（ComboBox）

ComboBox组件允许用户从下拉列表中进行单项选择。ComboBox可以是静态的，也可以是可编辑的。使用静态ComboBox，用户可从下拉列表中作出一项选择；使用可编辑的ComboBox，允许用户在列表顶端的文本字段中直接输入文本或从下拉列表中选择一项。其参数设置如下：

· dataProvider：设置相互关联的一个文本值（即下拉列表中各项显示文本之一）和数

据值。

·editable：用来描述组件是可编辑的还是静态的。可编辑的为true，静态的为false。默认为静态的。

·prompt：设置在列表顶部的文本字段中显示的字符，无设置时，显示下拉列表中第1项。

·restrict：获取或设置用户在文本字段中输入的字符，若其属性值为一段字符，则只能在文本字段中输入该字符串中的字符，若该段字符为空，则不能输入任何字符。

·rowCount：设置在不使用滚动条的情况下一次最多可显示的项目数。

其组件检查器如图6-3所示。

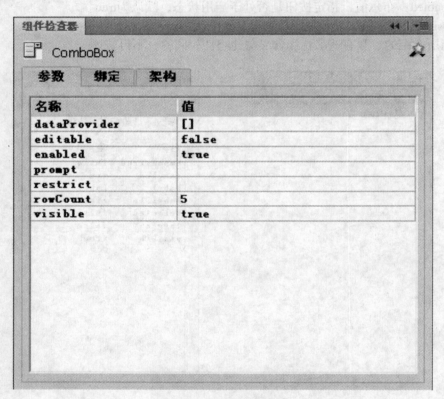

图6-3　下拉列表组件检查器

每个参数都有对应的同名ActionScript属性。在可编辑的ComboBox中，只有按钮是点击区域，文本框不是。对于静态ComboBox，按钮和文本框一起组成点击区域。点击区通过打开或关闭下拉列表来做出响应。当用户在列表中作出选择（无论通过鼠标还是键盘）时，所选项的标签将复制到ComboBox顶端的文本字段中。

6.2.3　单选按钮组件（RadioButton）

RadioButton组件即单选按钮，其作用是强制用户只能选择一组选项中的一项。该组件必须用于至少有两个RadioButton实例的组。在任何时刻，都只有一个组成员被选中。选择组中的一个单选按钮将取消组内当前选定单选按钮的选择。可以设置groupName参数，以指示单选按钮属于哪个组。还可以为其添加一个文本标签，表明当前选项的内容。其参数设置如下：

· groupName：描述单选按钮中的组名称。

· label：描述单选按钮的文本标签。默认为label。

· selected：指示单选按钮当前处于选中状态（true）还是取消选中状态（false）。

· value：与单选按钮相关的值。

每个参数都有对应的同名ActionScript属性。具体参数可通过如图6-4所示的组件检查器设置：

图6-4 单选按钮组件检查器

6.2.4 复选框组件（CheckBox）

CheckBox表示一个可以选中或取消选中的方框。当它被选中后，框中会出现一个复选标记。可以为CheckBox添加一个文本标签，并可以将它放在CheckBox的左侧、右侧、上面或下面，表明当前选项的内容。我们通常使用若干个CheckBox收集一组不相互排斥的true或false值，表明多个相似或相关属性的选择。

其参数设置如下：

· label：描述CheckBox的文本标签。默认是label。

· labelPlacement：文本标签的放置位置。

· selected：将复选框的初始值设为选中（true）或取消选中（false）。

其中每个参数都有对应的同名ActionScript属性。

其参数设置的组件检查器如图6-5所示。

图6-5 复选框组件检查器

6.2.5 列表组件（List）

List组件是一个可滚动的单选或多选列表框，还可显示图形及其他组件。它与下拉列表非常相似，只是下拉列表开始只能显示一行而列表可显示多行。用户可通过如图6-6所示的组件检查器来设置参数：

· allowMultipleSelection：设置是否允许多选，默认是false；若选择true，则用户可配合Ctrl键进行复选。

· dataProvider：设置相应数据。当我们点击其右侧的🔍按钮时，会弹出如图6-7所示的面板，在该面板中，通过点击➕实现增加列表项的功能。

· horizontalLineScrollSize：描述当单击滚动箭头时要在水平方向上滚动的内容量的像素值。默认为4。

· horizontalPageScrollSize：获取或设置按滚动条轨道时水平滚动条上滚动滑块要移动的像素数。默认为0。

· horizontalScrollPolicy：指示水平滚动条状态的值的设置。ScrollPolicy.ON值指示水平滚动条始终打开；ScrollPolicy.OFF值指示水平滚动条始终关闭；ScrollPolicy.AUTO值指示其状态自动更改。默认为AUTO。

· verticalLineScrollSize：描述当单击滚动箭头时要在垂直方向上滚动的像素数。默认为4。

· verticalPageScrollSize：按滚动条轨道时垂直滚动条上滚动滑块要移动的像素数，默认为0。

· verticalScrollPolicy：指示垂直滚动条的状态。 ScrollPolicy.ON值指示垂直滚动条始

终打开；ScrollPolicy.OFF值指示垂直滚动条始终关闭；ScrollPolicy.AUTO值指示其状态自动更改。默认为AUTO。

| 图6-6　列表组件检查器 | 图6-7　增加列表项面板 |

6.2.6　Label组件

Label组件将显示一行或多行纯文本或HTML格式的文本，这些文本的对齐和大小等格式可进行设置。

可以通过属性面板或组件检查器（图6-8）将其参数设置如下：

· autoSize：描述如何调整标签大小和对齐标签以适合其 text 属性的值。 以下是有效值：

TextFieldAutoSize.NONE：不调整标签大小或对齐标签来适合文本。

TextFieldAutoSize.LEFT：调整标签右边和底边的大小以适合文本。不会调整左边和上边的大小。

TextFieldAutoSize.CENTER：调整标签左边和右边的大小以适合文本。标签的水平中心锁定在它原始的水平中心位置。

TextFieldAutoSize.RIGHT：调整标签左边和底边的大小以适合文本。不会调整上边和右边的大小。

默认值为 TextFieldAutoSize.NONE。

· condenseWhite：用来指示是否从包含HTML文本的Label组件中删除诸如空格或换行符等额外空白。true表示删除空白；false表示保留空白。condenseWhite属性只能影响使用htmlText属性设置的文本；若使用text属性设置文本，则忽略condenseWhite属性。默认值为false。

·htmlText：描述由Label组件显示的文本，包括表示该文本样式的HTML标签。可使用TextField对象支持的HTML标签的子集在此属性中指定HTML文本。

·selectable：描述文本是否可选。true表示可选；false表示不可选。

·text：设置label组件显示的纯文本。不能显示包含HTML标签的文本，此功能需使用htmlText参数设置。

·wordWrap：用来描述文本字段是否支持自动换行。true表示支持，false表示不支持，默认为false。

图6-8 Label组件检查器

6.2.7 进度条组件（ProgressBar）

ProgressBar组件显示内容的加载进度。它通常可用于显示远程图像和某些应用程序的加载状态的记录。其加载进程可以是确定的也可以是不确定的。其参数设置如下：

·direction：指示进度条的填充方向。right从左到右，left从右到左，默认为right。

·mode：描述更新进度条的方法。其有效值为event、polled和manual。

event（事件模式）：source属性指定生成progress和complete事件的加载内容，在此模式下，应使用UILoder对象。

polled（轮询模式）：source属性指定公开bytesLoaded和bytesTotal属性的加载内容。在该模式下，任何公开这些属性的对象均可用作源。

manual（手动模式）：手动方式需手动设置maximum和minimum属性并调用ProgressBar.setProgress（）方法。

默认值为event。

其组件检查器如图6-9所示。

图6-9　进度条组件检查器

6.2.8　文本字段组件（TextArea）

它是一个带有边框和可选滚动条的多行文本字段，支持显示HTML。其新参数设置如下：

·maxChars：描述用户可在文本字段中输入的最大字符数。

·restrict：描述文本字段从用户处接受的字符串。若此属性值为null，则文本字段会接受所有字符；若属性值为空，则不接受任何字符。默认为null。

其组件检查器如图6-10所示。

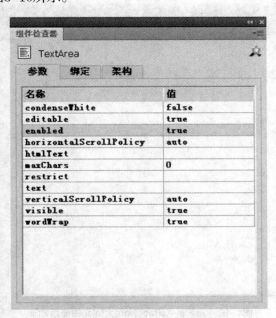

图6-10　文本字段组件检查器

6.2.9　TextInput组件

　　用于显示输入单行文本或密码组件。其中的新参数为一值为布尔型的disPlayAsPassword，其含义是是否以密码的形式显示输出，若选择true，则输入的文字会以"*"形式在屏幕回显，如图6–11所示；若选择false，则以正常文字的形式显示，如图6–12所示。其参数设置的组件检查器如图6–13所示。

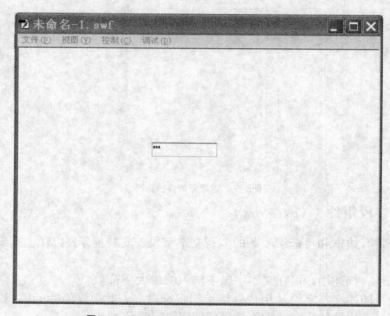

图6–11　disPlayAsPassword为true的显示效果

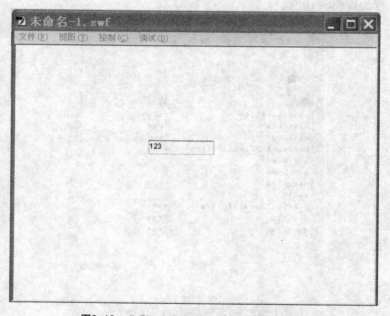

图6–12　disPlayAsPassword为false的显示效果

图6-13 TextInput组件检查器

6.2.10 其他组件

在Flash中还有其他的UI组件，如ColorPicker组件、Slider组件等，其特点和应用读者可自行练习。

6.2.11 组件的综合应用

下面以一个综合实例具体介绍上述各种组件的应用方法，该例完成购买某商品的消费者信息调查功能，并能够将消费者选择的相应信息显示输出。

【实例】商品的消费者信息调查表

【目的】掌握各种UI组件的使用方法。

【操作过程】

（1）新建一个Flash文档，选择ActionScript 3.0作为脚本。

（2）在舞台上使用文本工具输入如图6-14所示的文字。

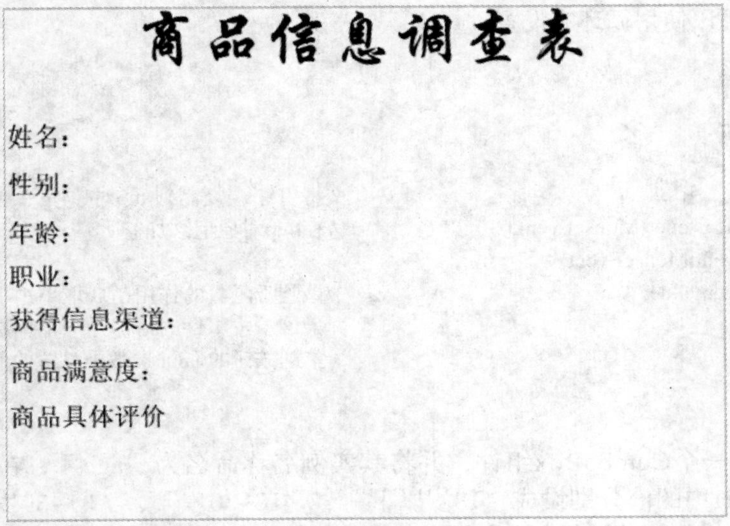

商品信息调查表

姓名：

性别：

年龄：

职业：

获得信息渠道：

商品满意度：

商品具体评价

图6-14 输入文字的效果

（3）使用组件工具点击TextInput组件，在舞台上相应位置拖入一个TextInput对象，可以使用任意变形工具调整其在舞台的大小，在属性面板中，在实例名称中输入为"na"，如图6-15所示。

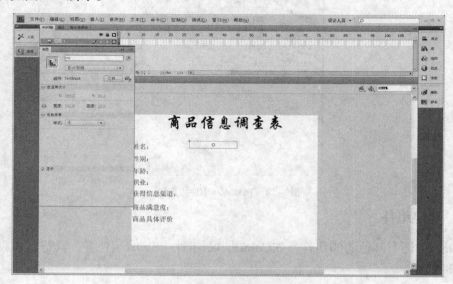

图6-15　TextInput组件的设置与显示效果

我们可以通过na.text()方法获取用户提交的姓名。

（4）使用RadioButton组件在舞台上拖出两个单选框，选中第1个单选框，在属性面板中将其实例名称命名为"s_1"，点击 ，在弹出的组件检查器的参数列表中将groupName改为sex，将label的值设为"男"，value的值设为"男"；选中第2个单选框，将其实例名称命名为"s_2"。同样，将groupName改为sex，将label值设为"女"，value的值设为"女"，如图6-16所示。

为了能够获取用户选择的性别类型，我们需要在这两个单选按钮中添加监听，在第1帧处右键单击动作面板，在其中输入相应代码，为了使操作更简单，对于多个相同组件的相似操作我们可以使用循环来设置：

```
var i;
var tmp:Object;
    for(i=1;i<3;i++)
{tmp=root["s_"+i]                        //将组件s_i复制到tmp对象中
tmp.addEventListener(MouseEvent.CLICK,dj);}  //在tmp对象上添加监听
function dj(event:MouseEvent)
{ s=event.target.value;                   //该监听函数的作用是获取单击事件的目标值，由
                                          于该单击事件的目标是一个单选按钮，其值是在
                                          单选按钮的value参数中设置的值

    }
```

（5）新建一个ComboBox组件，并将其实例名称命名为"age"，在组件检查器中将其dataProvider中的值分别设成"18岁以下"、"18~30岁"、"31~59岁"和"60岁以上"，prompt值设为"请选择"，如图6-17所示。

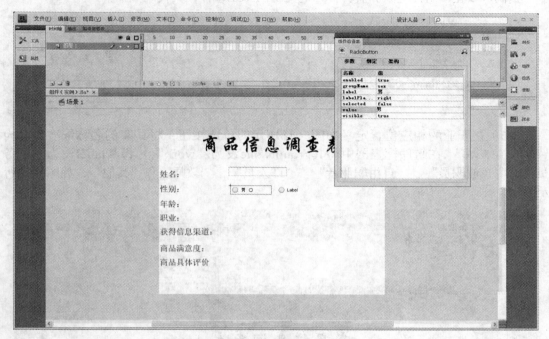

图6-16 单选框组件的设置与显示效果

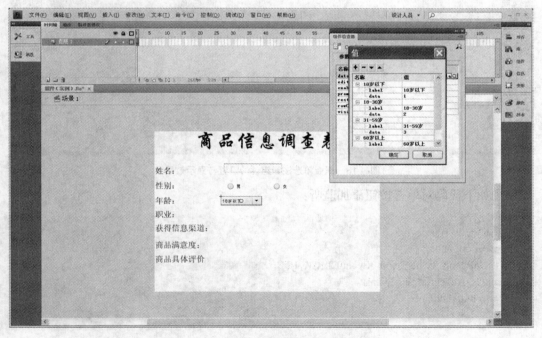

图6-17 ComboBox组件的设置与显示效果

我们可以在该组件上添加监听，并定义CHANGE事件，其代码如下：

```
age.addEventListener(Event.CHANGE,c1);
function c1(event:Event)
{
    s1=age.selectedItem.label
}
```

（6）在职业的相应位置定义如图6-18所示的单选按钮，将其实例名称依次命名为"w1"－"w6",在组件检查器中将其groupName设为"work"，将其label设为"公务员"、"企业职员"、"自由职业者"、"IT人员"、"教师"和"其他"，如图6-18所示。

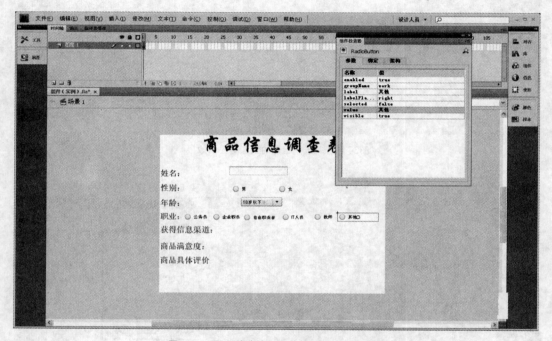

图6-18 职业单选按钮组件的设置与显示效果

使用如下代码对单选按钮添加监听：

```
for(j=1;j<7;j++)
{tmp1=root["w"+j];
tmp1.addEventListener(MouseEvent.CLICK,dj1);}
function dj1(event:MouseEvent)
{ s2=event.target.label;
}
```

（7）在舞台的相应位置新建4个复选框，将其实例名称设为："sa1"－"sa4",在其组件检查器中将其label值设置为："电视"、"网络"、"平面媒体"和"家人朋友"，如图6-19所示。

图6-19 复选框组件的设置与显示效果

在复选框上增加监听需要在相应的触发下才能获取，本例中需在单击提交按钮后得到。其代码在提交按钮单击事件中体现。

（8）在舞台上新建4个单选框，实例名称命名为"m1"－"m4"，groupName设置为"my"，label值设为"非常满意"、"比较满意"、"一般满意"和"较不满意"，如图6-20所示。

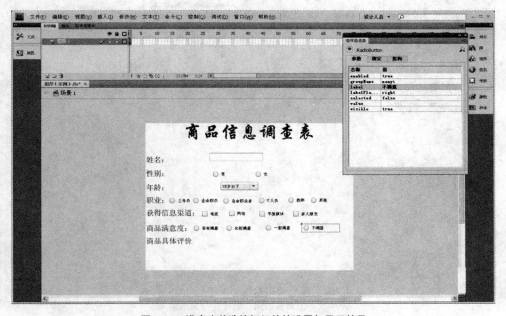

图6-20 满意度单选按钮组件的设置与显示效果

添加监听的过程与之前单选按钮的过程一致，不再赘述。

（9）新建一个TextArea组件，将其实例名称设为t，如图6-21所示。

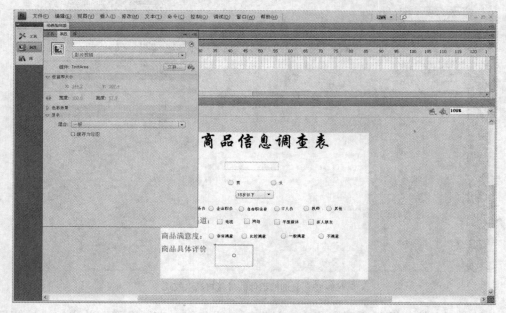

图6-21　TextArea组件的设置与显示效果

我们可以通过t.text方法获取在TextArea中输入的文本。

（10）在舞台的底部新建一个按钮，将其实例名称设置为tj_btn，并将其label的值设为"提交"，如图6-22所示。

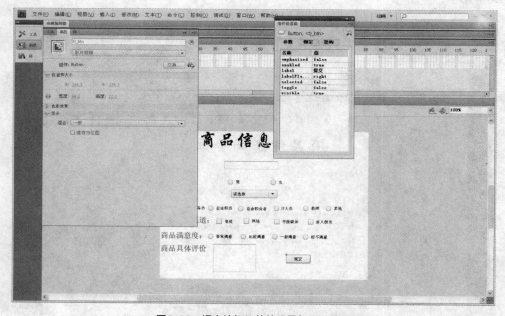

图6-22　提交按钮组件的设置与显示效果

该按钮作为整个页面的提交按钮出现，当单击该按钮时，将转到第2帧处执行，所以要在该按钮上实施单击监听，采用如下代码：

```
tj_btn.addEventListener(MouseEvent.CLICK,tj);
function tj(e)
{ var jieguo:String="";
for(k=1;k<5;k++)
{tmp2=root["sa"+k];
if(tmp2.selected)
    s3=s3+":"+tmp2.label;
}
```

为了能够获取所有组件的内容，我们定义了一个String型的变量jieguo，用于存储所有组件操作的内容，其脚本为：

```
jieguo="姓名： "+na.text;
jieguo=jieguo+"\r性别： "+s;
jieguo=jieguo+"\r年龄： "+s1;
  jieguo=jieguo+"\r职业： "+s2;
    jieguo=jieguo+"\r获取渠道： "+s3;
    jieguo=jieguo+"\r满意度： "+s4;
    jieguo=jieguo+"\r具体评价： "+t.text;
gotoAndStop(2);
  re.text=jieguo;
```

为了使画面处于等待状态，我们在脚本的第1行处输入stop（），使动画停留在第1帧。

（11）在第2帧处插入关键帧，使用文本工具在舞台中新建一个动态文本，对其格式进行相应设置并将其实例名称命名为"re"，如图6-23所示。

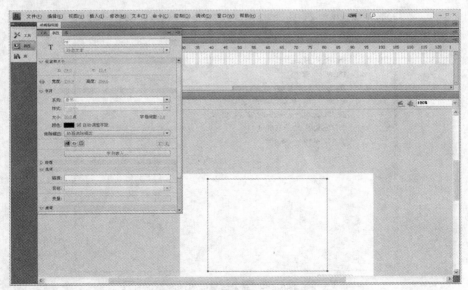

图6-23 动态文本的设置与显示效果

（12）在舞台底部建立一个按钮组件，将其实例名称设为fh_btn并将其label值改为"返回"。在第2帧处添加如下代码：

```
fh_btn.addEventListener(MouseEvent.CLICK,fh);
function fh(e)
{ gotoAndStop(1);
}
```

这样，一个消费者调查表就做好了，其运行效果如图6-24所示。当我们在组件中输入相应内容并点击提交按钮时，我们所提交的内容就可以显示输出，如图6-25所示。

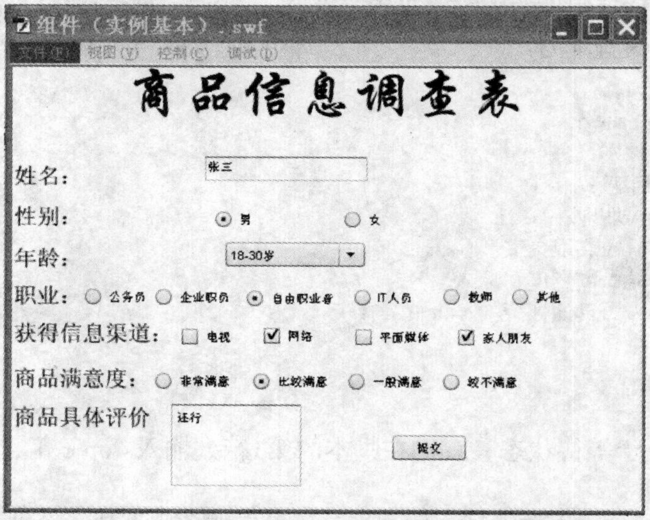

图6-24　初始选择界面运行的效果

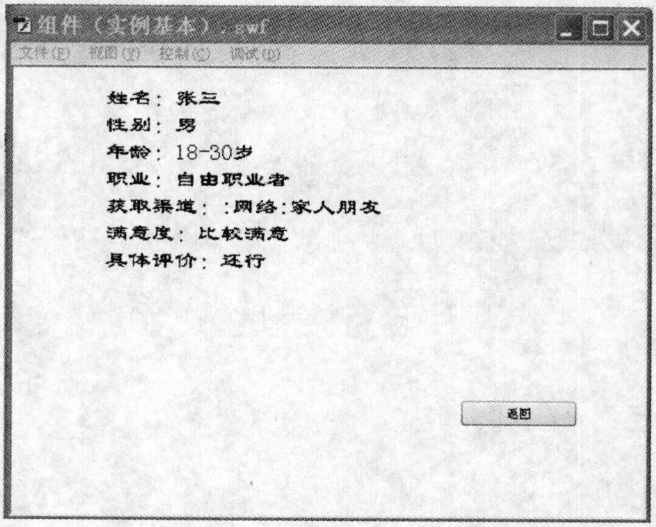

图6-25　显示结果的界面

6.3 视频组件

除了用户界面组件，Flash ActionScript 3.0组件还包括下列组件和支持类：

（1）FLVPlayback组件 (fl.video.FLVPlayback)，它是基于SWC的组件。该组件用于播放视频，使我们可以轻松地将视频播放器包括在Flash应用程序中，以便播放渐进式视频流。

（2）FLVPlayback自定义UI组件，基于FLA，同时使用于FLVPlayback组件的ActionScript 2.0 和 ActionScript 3.0 版本。

（3）FLVPlayback Captioning组件，为 FLVPlayback 提供关闭的字幕。

我们以FLVPlayback组件为例具体介绍在Flash中直接导入FLV格式的视频文件，其参数设置如下：

· align：在scaleMode参数设置为maintainAspectRatio或noScale时指定视频布局，有9种选择，默认值为center。

· autoPlay：一个布尔值，默认为true。值为true，则FLV在加载后立即播放；值为false，则在加载第1帧后暂停。

· cuePoints：用于指定FLV的指示点。其值是一个数组，使用指示点可以将FLV中特定的位置与Flash动画、图形或文本同步。

· preview：可选择某一帧图像用于创作时的实时预览。当生成运行的预览图像时，必须先导出所选的帧图像，然后通过动作脚本加载。

· scaleMode：指定在视频加载后如何调整其大小，有3个选择。

· skin：用于打开选择外观对话框选择组件的外观。默认值为None。如果选择None，则FLVPlayback实例将不包含播放、停止、后退功能，用户也无法执行与这些控件相关联的其他操作。若autoPlay参数为true，则FLV会自动播放。

· skinAutoHide：是否影响组件外观。它是一个布尔值。若值为true，则鼠标不在视频上时隐藏组件外观。此属性只影响通过设置skin参数加载的外观，而不影响从FLVPlayback自定义用户界面组件创建的外观。

· skinBackgroundAlpha：设置外观背景的Alpha透明度，其值是0.0~1.0的数字。该参数只能与使用skin参数加载了外观的SWF文件及支持颜色和Alpha设置的外观一起使用。

· skinBackgroundColor：设置外观背景的颜色。只能与使用skin参数加载了外观的SWF文件及支持颜色和Alpha设置的外观一起使用。

· source：指定要进行流式处理的FLV文件的URL以及如何对其进行流式处理。它是一个字符串，它可是指向FLV文件的HTTP URL、指向流的RTMP URL或指向XML文件的HTTP URL。

· volume：用于指示音量控制的一个介于0~1内的数字。

【实例】加载视频文件

【目的】掌握加载视频文件的方法。

【操作过程】

（1）新建一个Flash文档。

（2）从组件面板中将FLVPlayback组件拖放到舞台上，如图6-26所示。

（3）选择舞台上的FLVPlayback组件实例，打开组件检查器面板，如图6-27所示。在其中的参数面板中设置source参数，点击 🔍 按钮，在打开的内容路径中输入视频文件的存放路径，选择默认的匹配源尺寸，则Flash会按照FLVPlayback组件实例的大小匹配源FLV尺寸，内容路径面板如图6-28所示。

图6-26　将FLVPlayback组件放于舞台

图6-27　FLVPlayback组件检查器

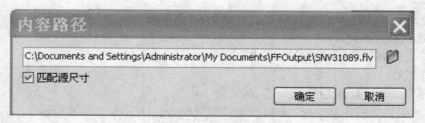

图6-28　内容路径面板

（4）可以通过skin参数设置播放器的外观，我们使用默认的SkinOverPlaySeekMute. swf。

（5）选择控制，测试影片命令测试动画就可以控制视频播放，如图6-29所示。

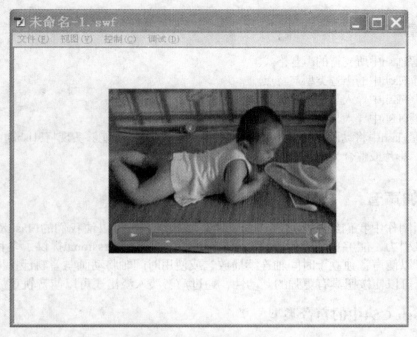

图6-29 视频播放效果

6.4 本章小结

本章对组件进行了较详细的阐述。首先介绍了组件的概念和组件的分类；并描述了各种UI组件的技术参数和应用特点。通过一个综合实例详细说明了各种主要UI组件的特点与使用方法，重点描述了其添加代码的方法与组件事件的处理方法。最后通过一个实例描述了FLVPlayback视频组件的使用方法。

第7章　Flash后期制作与发布

本章重点

- 了解Flash中所支持的声音格式。
- 理解Flash中的声音类型与特点。
- 掌握Flash中导入与编辑声音的方法与步骤。
- 掌握Flash中导入与编辑图形的方法。
- 掌握Flash中将动画文件发布成各种文件格式的方法，并能够实现将Flash动画导出为图像、影片或整合为EXE文件的方法。

7.1　添加声音

在动画制作中我们经常会用到声音。通过添加声音，可以使我们的Flash动画声情并茂，更具吸引力，能够更加吸引观众。Adobe Flash CS4 Professional提供了多种使用声音的方式。可以使声音独立于时间轴连续播放，或使用时间轴将动画与音轨保持同步。向按钮添加声音可以使按钮具有更强的互动性，通过声音淡入淡出还可以使音轨更加优美。

7.1.1　Flash CS4中的声音类型

Flash中有两种声音类型：事件声音和数据流声音。事件声音必须完全下载后才能开始播放，在播放过程中不受动画的影响，除非明确停止，否则，它将一直连续播放。该类型声音比较适合制作较短的声音动画。 数据流声音不需要等到整个音乐完全下载完成，在前几帧下载了足够的数据后就开始播放；该类型声音要与时间轴同步以便在网站上播放。

7.1.2　Flash支持的声音格式

在Flash CS4中可以使用的声音格式很多，最常用的用MP3格式和WAV格式。

1. MP3格式

MP3是一种应用很广的数字音频格式，它能够在音质丢失很小的情况下把文件压缩到更小的程度，而且还非常好地保持了原来的音质。正是因为其具有体积小、传输方便、音质高等特点使其深受人们喜爱。相同长度的音乐文件若使用MP3来存储，一般只有WAV文件的1/10。故现在很多Flash音乐都使用MP3格式。

2. WAV格式

WAV是微软公司和IBM公司共同开发的PC标准声音格式。该格式最大的特点是采用无压缩编码，故音质非常好，但体积比较大，故占用较大的存储空间。所以一些需要特殊音效的Flash动画常使用该格式。

如果正在为移动设备创作Flash内容，则Flash还会允许在发布的SWF文件中包含设备声音。设备声音以设备本身支持的音频格式编码，如MIDI、MFi或SMAF。

7.1.3　导入声音

我们在制作好动画后，如果想要添加声音，就需要将声音文件导入到当前文档的库，这样就可以将声音文件放入到Flash中。导入声音的步骤为：

（1）选择"文件"｜"导入"命令，打开"导入到库"对话框，选择声音文件，单击"打开"按钮，如图7-1所示。

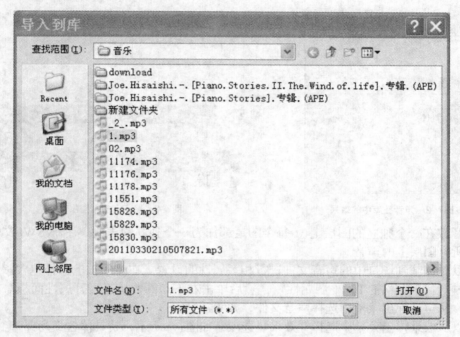

图7-1　导入声音界面

（2）此时声音文件已经导入到库面板中了，选中库面板中的声音文件，通过预览窗口可以观看或播放该声音文件，如图7-2所示。我们也可以使用Flash公用库中的声音效果，将其拖入当前文档的库中，即可实现导入声音的效果。

Flash在库中保存声音以及位图和元件。只需声音文件的一个副本就可以在文档中以多种方式使用这个声音。 如果想在Flash文档之间共享声音，则可以把声音包含在共享库中。如果要向 Flash 中添加声音效果，最好导入16位声音。

7.1.4　音频的编辑与控制

将声音导入库中后，我们可以对声音文件进行处理和编辑，可以将声音通过时间轴或按钮进行控制，也可以在Flash环境中对声音进行相应编辑处理。

1. 将声音添加到时间轴

将声音导入库后，可以使用库将声音添加至文档。其具体操作步骤如下：

（1）选择"插入"｜"时间轴"｜"图层"命令。

（2）选定新建的声音层后，将声音从库面板中拖到舞台中。 声音就会添加到当前层中。 在当前图层的第1帧处就会出现声音波形，如图7-3所示。

（3）可以把多个声音放在一个图层上，或放在包含其他对象的多个图层上。建议将

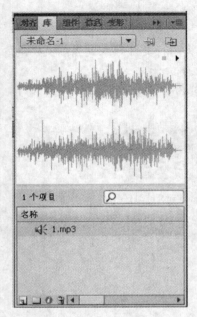

图7-2 声音在库中的效果

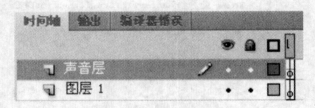

图7-3 将声音放入图层

每个声音放在一个独立的图层上。 每个图层都作为一个独立的声道。 播放SWF文件时，会混合所有图层上的声音。

可以对加载到场景中的声音文件进行相关属性的设置。在时间轴上选择包含声音文件的第1个帧。选择"窗口"｜"属性"，然后单击右下角的箭头以展开属性面板。在属性面板中，从声音弹出菜单中选择声音文件，如图7-4所示。

可以从效果弹出菜单中选择"效果"选项，如图7-5所示，其具体含义为：

图7-4 设置声音属性面板

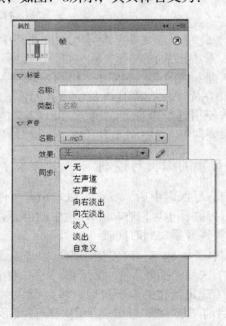

图7-5 声音效果设置

·无：不对声音文件应用效果。选中此选项将删除以前应用的效果。

·左声道/右声道：只在左声道或右声道中播放声音。

·向右淡出/向左淡出：会将声音从一个声道切换到另一个声道。

·淡入：随着声音的播放逐渐增加音量。

·淡出：随着声音的播放逐渐减小音量。

·自定义：允许使用编辑封套创建自定义的声音淡入和淡出点。

可以从同步弹出菜单中选择同步选项，如图7-6所示。

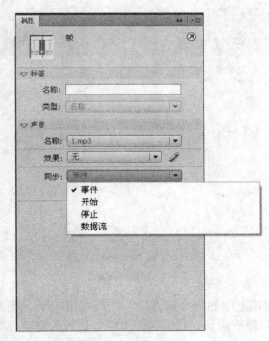

图7-6　同步效果设置

同步选项的具体含义为：

·事件：默认选项，会将声音和一个事件的发生过程同步起来。选择该选项后，当动画运行到引入声音的帧时或点击播放按钮后，声音将被打开，并且独立于时间轴完整播放，即使动画文件停止播放也会继续。直到单个声音播放完毕或按照用户在循环中设定的循环播放次数反复播放。在播放过程中若再次遇到引入同一声音的帧时，将再次播放该声音，即同时播放两个声音。

·开始：用于声音开始位置的操作。动画运动到该声音引入帧时，声音开始播放，但在播放过程中若再次遇到引入同一声音的帧时，将继续播放原声音，而不播放再次引入的声音。

·停止：使指定的声音停止。

·数据流：使用此方式时，Flash强制动画和音频流同步，以便在网站上播放。如果Flash不能足够快地绘制动画的帧，它就会跳过帧。与事件声音不同，音频流随着SWF文件的停止而停止。当发布SWF文件时，音频流混合在一起。能够实现动画中一个人物的声音在多个帧中播放的效果。

注意：如果放置声音的帧不是主时间轴中的第1帧，则选择停止选项。

2. 向按钮添加声音

可以将声音和一个按钮元件的不同状态关联起来。将声音和元件存储在一起就可以用于元件的所有实例。从而达到控制声音的效果。

其操作步骤如下：

（1）在公用库面板中选择一个按钮。进入该按钮的编辑模式，如图7-7所示。

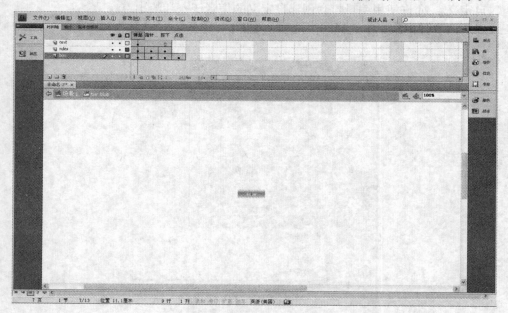

图7-7 按钮编辑模式

（2）在按钮的时间轴上添加一个声音层。在该层中的某一状态处插入一个空白关键帧。为了实现单击按钮时播放声音，则需在按下帧处插入关键帧，如图7-8所示。

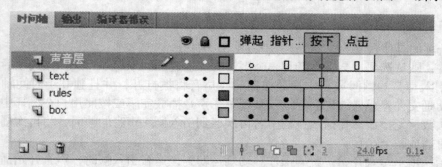

图7-8 在按下帧处设置关键帧

（3）单击已创建的关键帧。选择"窗口"｜"属性"命令。从属性面板的声音弹出菜单中选择一个声音文件。从同步弹出菜单中选择事件，如图7-9所示。

（4）声音文件就添加到该按钮上了。我们可以将该按钮拖放到舞台中，点击控制，测试影片，在该SWF文件中单击该按钮，就可以播放声音文件了。

如果希望添加的声音能够与动画同步，我们可以在时间轴中动画的关键帧处开始播放和停止播放声音。此时需要在音乐层与场景中表示动画开始的关键帧相同的帧处插入开始关键帧，在其属性面板中的声音弹出菜单中选择某种声音文件，并将其同步方式设为任

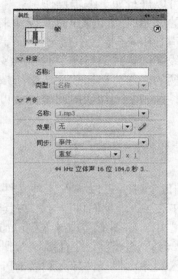

图7-9　设置声音效果

意。在声音层时间轴中要停止播放声音的帧上创建一个关键帧。 在时间轴中显示声音文件的表示形式。在属性面板的声音弹出菜单中选择同一声音。从同步弹出菜单中选择停止。在播放SWF文件时，声音会在结束关键帧处停止播放。即可实现声音与动画的同步播放。

3. 编辑声音

Flash提供了简单的编辑声音的方法。我们可以定义声音的起始点，或在播放时控制声音的音量。还可以改变声音开始播放和停止播放的位置。这对于通过删除声音文件的无用部分来减小文件的大小是很有用的。

选择某个已包含声音的帧，选择属性面板，单击编辑声音封套按钮 ，进入如图7-10所示的面板。

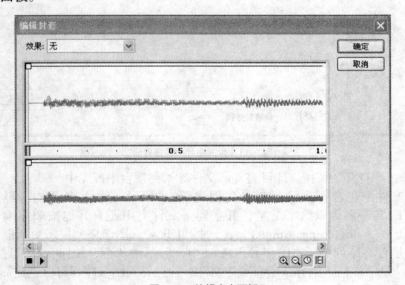

图7-10　编辑声音面板

在编辑封套的面板中我们可以进行如下编辑操作:

可以通过拖动编辑封套中的开始时间和停止时间控件来改变声音的起始点和终止点;可以通过拖动封套手柄来改变声音中不同点处的级别从而更改声音封套。封套线显示声音播放时的音量。可以单击封套线来创建其他封套手柄(最多创建 8 个)。只需将封套手柄拖出窗口就能实现删除封套手柄的操作。单击放大或缩小按钮可以改变窗口中显示声音的大小。单击秒和帧按钮能够在秒和帧之间切换时间单位。可以单击播放或停止按钮来播放或停止编辑后的声音。

7.2 导入图形

Flash CS4能够识别多种图像文件。可以导入各种文件格式的矢量图形和位图图像,是功能全面的媒体图工具。在Flash中,我们可以导入在其他应用程序中创建的图形或图像,并将这些资源用在Flash文档中。将图形文件导入到Flash中的步骤是:

(1)选择文件,导入到舞台,将图形文件直接导入到舞台中,同时也将该文件导入到库中。或者是选择文件,导入到库,将文件导入到当前Flash文档的库中。

(2)在"导入"对话框中选择图形文件的放置位置,如图7-11所示。

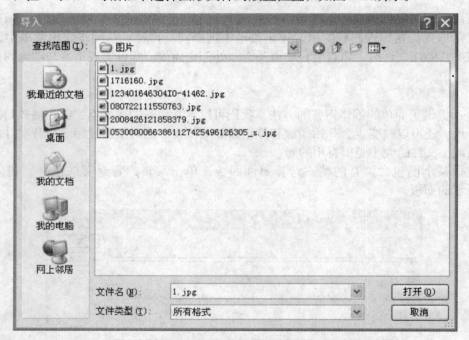

图7-11 导入图片的选择界面

(3)单击"打开"按钮,即可将外部文件导入到舞台中或库中。

若导入文件中包含多个层,Flash将创建新的图层并分别将各层内容显示在时间轴中。若导入的文件名称以数字结尾,并在同一文件夹中还有其他按顺序编号的同名文件,如img01.jpg、img02.jpg、img03.jpg,则会出现导入图像序列提示对话框,如图7-12所示,提示是否将序列中所有图像导入Flash中,若单击"否"按钮,则只导入指定的文件;若单击"是"按钮,则导入所有顺序文件。通过导入图像序列可以创建简单的逐帧动画,如图7-13所示。

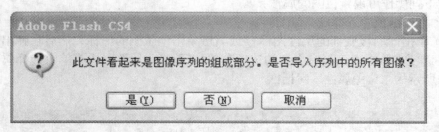

图7-12 导入图像序列提示对话框

图7-13 图像序列导入的效果

7.2.1 编辑位图

将位图图像导入到Flash后，我们就可以对其进行编辑，可以设置位图的属性，也可以对位图进行分离操作。

1. 设置位图属性

通过下列操作可设置位图的属性：

（1）在库面板中选择一个位图。

（2）单击库面板底部的属性图标 或右键单击该位图的图标，然后在弹出的菜单中选择属性选项或单击库面板右上角的选项菜单按钮 ，从弹出的菜单中选择属性，打开如图7-14所示的"位图属性"对话框。

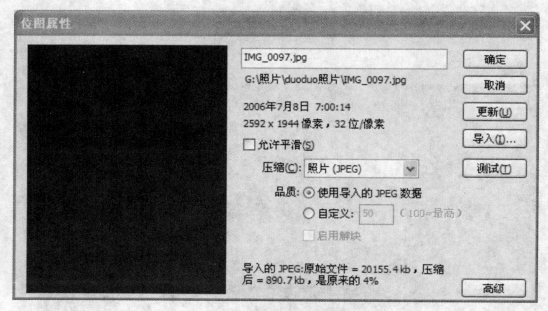

图7-14 "位图属性"对话框

其中的允许平滑选项用于使用消除锯齿功能平滑位图的边缘。其中的压缩项可选择以下选项：

·照片（JPEG）：以JPEG格式压缩图像。若要使用为导入图像指定的默认压缩品质，请选择使用文档默认品质。若要指定新的品质压缩设置，请取消选择使用文档默认品质，并在品质文本字段中输入一个介于1～100之间的值（设置的值越高，保留的图像就越完整，但产生的文件也会越大）。

·无损（PNG/GIF）：使用无损压缩格式压缩图像，这样不会丢失图像中的任何数据。

一般情况下，具有复杂颜色或色调变化的图像，例如具有渐变填充的照片或图像，需要使用照片压缩格式；而对于具有简单形状和相对较少颜色的图像，则使用无损压缩。

（3）单击测试能够将原始文件大小与压缩后的文件大小进行比较从而能够确定文件压缩的结果。

（4）单击"确定"按钮即可实现对位图属性的设置。

2. 分离位图

分离舞台上的位图会将舞台上的图像与其库项目分离，并将其从位图实例转换为形状。其操作步骤如下：

（1）选择当前场景中的位图。

（2）选择修改，分离操作，将位图分离后的效果如图7-15所示。

图7-15 位图分离前后的效果

7.2.2 将位图转换成矢量图形

转换位图为矢量图命令能够将位图转换为具有可编辑的离散颜色区域的矢量图形，从而可以减小文件大小。此时矢量图形将不再链接到库面板中的位图元件。其操作是：

（1）选择当前场景中的位图。选择"修改"｜"位图"命令，转换位图为矢量图，如图7-16所示。

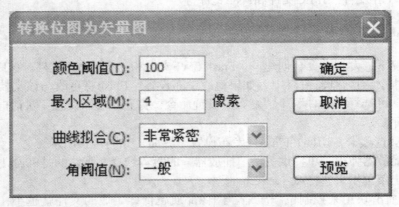

图7-16 "转换位图为矢量图"对话框

（2）在颜色阈值中输入一个介于1~500之间的值。当两个像素进行比较后，如果它们在RGB颜色值上的差异低于该颜色阈值，则认为这两个像素颜色相同。如果增大该阈值，则意味着降低了颜色的数量。

（3）在最小区域中输入一个介于1~1000之间的值来设置为某个像素指定颜色时需要考虑的周围像素的数量。

（4）从曲线拟合下拉列表框中选择一个选项来确定绘制轮廓所用的平滑程度。

（5）在角阈值下拉列表中选择一个选项来确定保留锐边还是进行平滑处理。

如果导入的位图包含复杂的形状和许多颜色，则转换后的矢量图形的文件比原始的位图文件大。若要创建最接近原始位图的矢量图形，则颜色阈值设置为10，最小区域为1像素，曲线拟合为像素，角阈值设为较多转角，如图7-17所示。

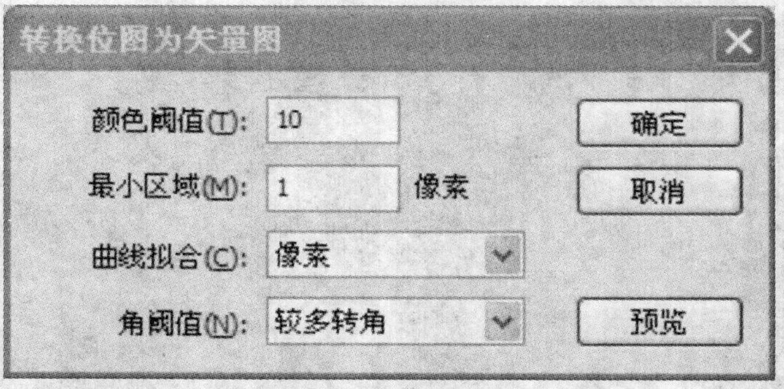

图7-17　转换位图为矢量图的参数设置

（6）单击"确定"按钮即可将位图转换为矢量图。

7.3　Flash文件的发布

当我们制作好Flash动画后，就可以通过发布让更多的人观看到自己的Flash作品，使在没有Flash制作环境的情况下仍然能够观赏和观看到Flash制作的动画作品。Flash CS4中提供的影片发布功能可以很方便地将Flash源文件发布为各种格式的文件，如SWF文件、HTML文件、GIF文件、JPEG文件和PNG文件等。

7.3.1　Flash文件的发布设置

默认情况下，发布命令会创建一个Flash SWF文件和一个HTML文档。该HTML文档会将Flash内容插入到浏览器窗口中。如果更改发布设置，Flash将更改与该文档一并保存。在发布之前，可选择"文件" | "发布"设置命令，打开"发布设置"对话框进行设置，如图7-18所示。

单击Flash选项卡，切换到Flash"发布设置"界面，如图7-19所示。

其中的播放器弹出菜单提供关于"播放器"的版本选择。默认的是Flash Player 10。

脚本弹出菜单用来选择ActionScript版本。

JPEG品质滑块用来控制位图压缩。图像品质越低，生成的文件就越小；图像品质越高，生成的文件就越大。值为100时图像品质最佳，压缩比最小。若要使高度压缩的JPEG图像显得更加平滑，需要选择启用JPEG解块，此选项可减少由于JPEG压缩导致的典型失真。

单击音频流或音频事件旁边的"设置"按钮能够实现为SWF文件中的所有声音流或事件声音设置采样率和压缩的操作。同时，选择覆盖声音设置能够覆盖在属性面板的声音部分中为个别声音指定的设置，该选择能够创建一个较小的低保真版本的SWF文件。若要导出适合于设备（包括移动设备）的声音而不是原始库声音，需要选择导出设备声音。

在SWF设置中，我们可以选择如下内容：

·压缩影片：用来压缩SWF文件以减小文件大小和缩短下载时间。当文件包含大量文本或ActionScript时，需要使用该选项，经过压缩的文件只能在Flash Player 6或更高版本中

图7-18 "发布设置"对话框　　　　　图7-19 Flash"发布设置"界面

播放。

·包括隐藏图层：用来导出Flash文档中所有隐藏的图层。取消选择导出隐藏的图层将阻止把生成的SWF文件中标记为隐藏的所有图层（包括嵌套在影片剪辑内的图层）导出。

·包括XMP元数据 ：默认情况下，将在"文件信息"对话框中导出输入的所有元数据。单击"文件信息"按钮打开此对话框。也可以通过选择文件，文件信息，打开文件信息对话框。

·导出 SWC：导出 .swc 文件，该文件用于分发组件。

·生成大小报告：选中该复选框，最终将影片的数据量生成一个报告，它与输出的影片同名，其扩展名是txt。

·防止导入：该设置可以防止他人导入影片并将它转回Flash的FLA文件。

·省略trace动作：忽略影片的跟踪动作，来自跟踪动作的信息不会显示在输出窗口中。

·允许调试：激活调试器并允许远程调试影片。

·密码：勾选允许调试复选框后，在密码文本框中输入密码，可防止未授权用户调试影片。

·本地回放安全性：设置只访问本地文件或网络文件。

·硬件加速：设置硬件加速的等级。

·脚本时间限制：用来设置脚本的运行时间。

在创建发布配置文件之后，将其导出以便在其他文档中使用，或供在同一项目上工作的其他人使用。 我们使用的Flash版本播放器支持Unicode文本编码。使用Unicode支持，用户可以查看多语言文本，与运行播放器的操作系统使用的语言无关。我们可以用替代文件格式（如GIF、JPEG、PNG 等）在浏览器窗口中显示这些文件所需的HTML发布FLA文件。对于尚未安装目标Adobe Flash Player的用户，替代格式可使人们在浏览器中浏览SWF动画并进行交互。用替代文件格式发布Flash文档（FLA文件）时，每种文件格式的设置都会与该FLA文件一并存储。

7.3.2　其他格式文件的发布

1. HTML文件的发布

单击发布设置对话框中的HTML标签，可以切换到HTML选项卡，如图7-20所示。

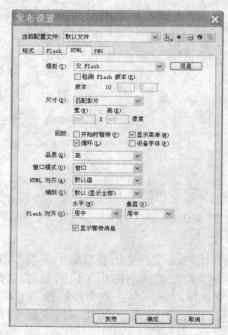

图7-20　HTML文件的发布设置

在该选项卡中的主要参数含义如下：

·模板：用于设置Flash模板的各项参数。用户可根据需要选择已安装的Flash模板。若要查看所选模板的说明信息，可单击模板右侧的"信息"按钮，在弹出的"HTML模板信息"对话框中将显示所选模板的说明信息，如图7-21所示。

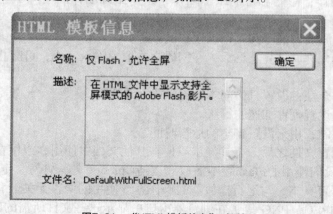

图7-21　"HTML模板信息"对话框

在检测Flash版本复选框中可以检测HTML文件中Flash动画播放器的版本。

·尺寸：用于设置导出的HTML文件的大小。提供了3个选项，分别是：

匹配影片：默认选项，使用SWF文件的大小来设置HTML的大小。

像素：通过在文本框中输入宽度和高度的像素数量来设置大小。

百分比：在文本框中设置指定SWF文件所占浏览器窗口的百分比。

·回放：控制影片的播放和相关功能。

开始时暂停：使用该选项会一直暂停播放SWF文件，直到用户单击按钮或从快捷菜单中选择播放后才开始播放。默认为不选中状态。

循环：当影片播放到最后一帧后再重复播放。取消选择此选项，则影片在到达最后一帧后停止播放。默认为选中状态。

显示菜单：用户右键单击SWF文件时，会显示一个快捷菜单。若要在快捷菜单中只显示关于Flash，请取消选择此选项。默认情况为选中状态。

设备字体：用消除锯齿的系统字体替换用户系统上未安装的字体。使用设备字体可使小号字体清晰易辨，并能减小SWF文件的大小。此选项只影响那些包含静态文本且文本设置为用设备字体显示的SWF文件。

·品质：

低：使回放速度优先于外观，并且不使用消除锯齿功能。

自动降低：优先考虑速度，但是也会尽可能改善外观。回放开始时，消除锯齿功能处于关闭状态。如果Flash Player检测到处理器可以处理消除锯齿功能，就会自动打开该功能。

自动升高：在开始时是回放速度和外观两者并重，但在必要时会牺牲外观来保证回放速度。回放开始时，消除锯齿功能处于打开状态。如果实际帧频降到指定帧频之下，就会关闭消除锯齿功能以提高回放速度。

中等：会应用一些消除锯齿功能，但并不会平滑位图。

高：系统默认选项，使外观优先于回放速度，并始终使用消除锯齿功能。如果SWF文件不包含动画，则会对位图进行平滑处理；如果SWF文件包含动画，则不会对位图进行平滑处理。

最佳：提供最佳的显示品质，而不考虑回放速度。所有的输出都已消除锯齿，而且始终对位图进行光滑处理。

·窗口模式：用于设置浏览动画时窗口的显示模式，提供了以下3种模式：

窗口：默认选项，此时Flash内容的背景不透明并使用HTML背景颜色。HTML代码无法呈现在Flash内容的上方或下方。

不透明无窗口：将Flash内容的背景设置为不透明，并遮蔽该内容下面的所有内容。使HTML内容显示在该内容的上方或上面。

透明无窗口：将Flash内容的背景设置为透明，显示Flash影片所在的HTML页面的背景。当HTML图像复杂时，该模式可能会导致动画速度变慢。

·HTML对齐：用于设置Flash影片窗口在浏览器中的对齐方式。共有5种方式，分别是：

默认值：使内容在浏览器窗口内居中显示，如果浏览器窗口小于应用程序，则会裁剪边缘。

左对齐、右对齐、上对齐或底对齐：会将SWF文件与浏览器窗口的相应边缘对齐，并根据需要裁剪其余的3条边。

·缩放：通过设置缩放选项，可以在更改文档的原始宽度和高度的情况下，将内容放到指定的边界内。有4种缩放方式：

默认（显示全部）：在指定的区域显示整个文档，并且保持SWF文件的原始高宽比，而不发生扭曲。应用程序的两侧可能会显示边框。

无边框：对文档进行缩放以填充指定的区域，并保持SWF文件的原始高宽比，同时不会发生扭曲，并根据需要裁剪SWF文件边缘。

精确匹配：在指定区域显示整个文档，但不保持原始高宽比，因此可能会发生扭曲。

无缩放：禁止文档在调整 Flash Player 窗口大小时进行缩放。

·Flash对齐：设置如何在应用程序窗口内放置内容以及如何裁剪内容。

·显示警告信息：在标签设置发生冲突时显示错误消息。

2. GIF文件的发布

GIF（Graphics Interchange Format）含义是"图像互换格式"，是CompuServe公司在1987年开发的图像文件格式。该文件中的数据是一种无损压缩格式。目前几乎所有相关软件都支持它。在一个GIF文件中可以存多幅彩色图像，能够实现将存于一个文件中的多幅图像数据逐幅读出并显示到屏幕上，从而构成一种最简单的动画。

在发布设置对话框的格式选项卡中选择GIF图像复选框，单击GIF选项卡，即可打开如图7-22所示的面板。

图7-22　GIF文件的发布设置

GIF选项卡中主要参数的含义如下：

·尺寸：用于设置导出的位图图像的宽度和高度值（单位：像素），若选择"匹配影片"复选框，则使GIF图像和SWF文件大小相同并保持原始图像的宽高比。

·回放：用了确定Flash创建的是静止图像还是GIF动画，若选择"动画"按钮，可设置为不断循环或输入重复次数。

·选项：用于指定导出的GIF文件的外观设置范围。

优化颜色：从GIF文件的颜色表中删除所有未使用的颜色。该选项能够在不影响图像质量的前提下减小文件大小。

交错：下载导出的GIF文件时，在浏览器中逐步显示该文件。使用户在文件完全下载之前就能看到基本的图形内容，并能在较慢的网络连接中以更快的速度下载文件。

平滑：消除导出位图的锯齿，从而生成较高品质的位图图像，并改善文本的显示品质。但是，平滑可能导致彩色背景上已消除锯齿的图像周围出现灰色像素的光晕，并且会增加GIF文件的大小。

抖动纯色：将抖动应用于纯色和渐变色。

删除渐变：用渐变色中的第一种颜色将SWF文件中的所有渐变填充转换为纯色，以减小文件的大小。

·透明：用于确定应用程序背景的透明度以及将Alpha设置转换为GIF的方式。共提供了3个选项：

不透明：使背景成为纯色。

透明：使背景透明。

Alpha：设置局部透明度。输入一个介于0～255之间的阈值。值越低，透明度越高。

·抖动：用于指定使用可用颜色的像素的组合来模拟当前调色板中没有的颜色的方式。抖动可以改善颜色品质，但是也会增加文件大小。

无：关闭抖动，并用基本颜色表中最接近指定颜色的纯色替代该表中没有的颜色。如果关闭抖动，则产生的文件较小，但颜色不能令人满意。

有序：提供高品质的抖动，同时文件大小的增长幅度也最小。

扩散：提供最佳品质的抖动，但会增加文件大小并延长处理时间。只有选择Web 216色调色板时才起作用。

·调色板类型：用于定义图像的调色板，分以下类型：

Web 216色：使用标准的Web安全216色调色板来创建GIF图像，这样会获得较好的图像品质，并且在服务器上的处理速度最快。

最合适：分析图像中的颜色，并为所选GIF文件创建一个唯一的颜色表。它可以创建最精确的图像颜色，但会增加文件大小。若要减小用最适色彩调色板创建的GIF文件的大小，请使用最大颜色数选项减少调色板中的颜色数量。

接近Web最适色：与最适色彩调色板选项相同，但是会将接近的颜色转换为Web 216色调色板。生成的调色板已针对图像进行优化，但Flash会尽可能使用Web 216色调色板中的颜色。

自定义：指定已针对所选图像进行优化的调色板。自定义调色板的处理速度与Web 216色调色板的处理速度相同。

·最多颜色：选择了最合适或接近Web最适色调色板的情况下设置GIF图像中使用的颜色数量的最大值。颜色数量越少，生成的文件也越小，但可能会降低图像的颜色品质。

3. JPEG文件的发布

使用JPEG格式可将图像保存为高压缩比的24位位图。更适合显示包含连续色调（如照片、渐变色或嵌入位图）的图像。

在发布设置对话框的格式选项卡中选择JPEG图像复选框，单击JPEG选项卡，即可打开如图7-23所示的面板。

其中的主要参数含义如下：

·尺寸：用于设置位图图像的宽度和高度值（以像素为单位），或者选择匹配影片使 JPEG 图像和舞台大小相同并保持原始图像的高宽比。

·品质：拖动滑块或输入一个值，可控制JPEG文件的压缩量。图像品质越低，则文件越小，反之亦然。

·渐进：在Web浏览器中增量显示渐进式JPEG图像，从而可在低速网络连接上以较快的速度显示加载的图像。类似于GIF和PNG图像中的交错选项。

4. PNG文件的发布

PNG是唯一支持透明度（Alpha 通道）的跨平台位图格式。在发布设置对话框的格式选项卡中选择JPEG图像复选框，单击JPEG选项卡，即可打开如图7-24所示的面板。

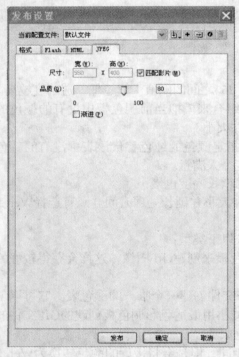
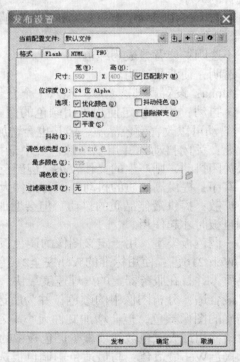

图7-23 JPEG文件的发布设置　　　　图7-24 PNG文件的发布设置

在PNG选项卡中有很多与GIF相似的选项，我们只介绍与GIF选项卡中不同参数的含义：

·位深度：设置创建图像时要使用的每个像素的位数和颜色数。位深度越高，文件就越大。提供了3种选择：8 位/通道 (bpc)，用于256色图像。24 bpc，用于数千种颜色的图像。24 bpc Alpha，用于数千种颜色并带有透明度（32 bpc）的图像。

·过滤器选项：用来选择一种逐行过滤方法使PNG文件的压缩性更好，并用特定图像的不同选项进行实验。可在其下拉列表框中选择如下选项：

无：关闭过滤功能。

下：传递每个字节和前一像素相应字节的值之间的差。

上：传递每个字节和它上面相邻像素的相应字节的值之间的差。

平均：使用两个相邻像素（左侧像素和上方像素）的平均值来预测该像素的值。

线性函数：计算3个相邻像素（左侧、上方、左上方）的简单线性函数，然后选择最接近计算值的相邻像素作为颜色的预测值。

最合适：分析图像中的颜色，并为所选PNG文件创建一个唯一的颜色表。它可以创建最精确的图像颜色，但所生成的文件要比用Web 216色调色板创建的PNG文件大。 通过减少最适色彩调色板的颜色数量减小用该调色板创建的PNG的大小。

7.4 导出动画

动画制作完毕后，用户可以将其导出得到独立格式的Flash作品，方便用户观赏使用。Flash CS4中提供了将自己制作的动画以SWF格式导出为影片或以GIF等格式导出图像。

7.4.1 导出影片

我们可以将制作的Flash动画文件以SWF格式导出，其具体操作步骤如下：

（1）在Flash CS4中，打开要导出的Flash文档， 选择"文件" | "导出" | "导出影片"命令， 如图7-25所示。

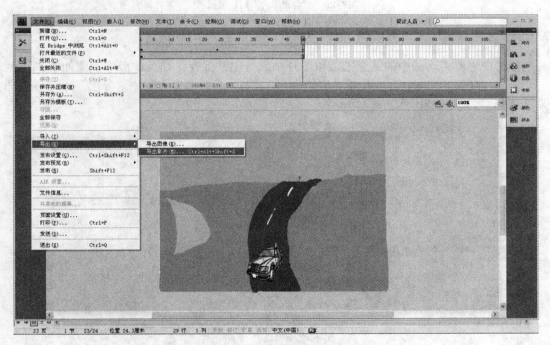

图7-25 选择导出影片的操作

（2）此时会出现一个"导出影片"对话框，选择文件的存放位置，在文件名文本框中输入相应的名称，再单击"保存"按钮，如图7-26所示。

（3）弹出"导出影片"对话框，Flash将会自动导出影片，将该SWF文件保存到指定文件夹中。

图7-26 "导出影片"对话框设置

7.4.2 导出图像

若用户想要将动画中的某个图像以图片格式导出并保存，其具体操作步骤如下：

（1）在Flash CS4中，打开要导出的Flash文档，选择"文件"｜"导出"｜"导出图像"命令，如图7-27所示。

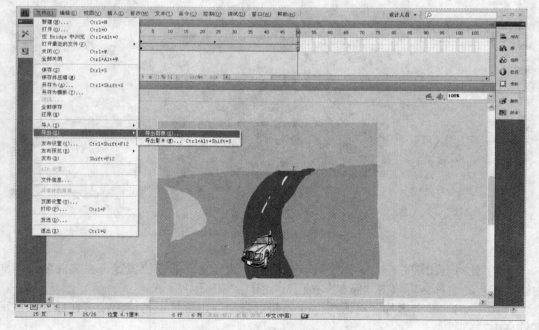

图7-27 选择"导出图像"的操作

（2）此时会出现一个"导出图像"对话框，选择文件的存放位置，在文件名文本框中输入相应的名称，在保存类型下拉列表中选择保存的图片类型，本例使用GIF图像格式，再单击"保存"按钮，如图7-28所示。

图7-28　"导出图像"对话框设置

（3）弹出"导出GIF"对话框，在该对话框中可以设置图片的尺寸、分辨率、包含、颜色、交错、透明、平滑和抖动纯色内容，单击"确定"按钮即可导出图像，如图7-29所示。

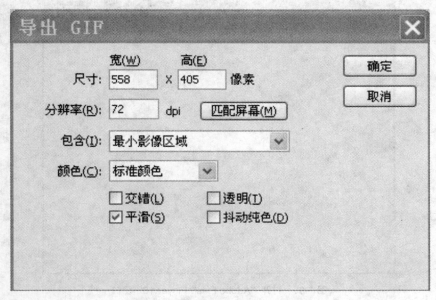

图7-29　"导出GIF"对话框参数设置

7.4.3　EXE整合

可以将作品整合成独立运行的EXE文件，该文件不需要安装任何相关插件或使用其他附加程序就能够正常播放，其动画效果与SWF文件效果一样。整合的步骤如下：

（1）在Flash CS4的安装程序文件夹中打开Players文件夹，运行FlashPlayer.exe程序，如图7-30所示。

图7-30　运行FlashPlayer.exe程序

（2）双击FlashPlayer.exe，打开"Adobe Flash Player 10"窗口，如图7-31所示。

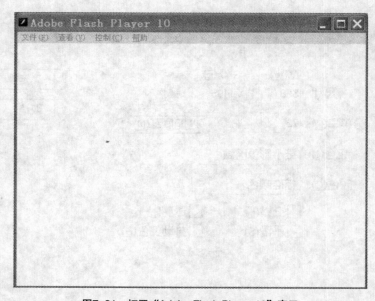

图7-31　打开"Adobe Flash Player 10"窗口

（3）在弹出的"打开"对话框中，在位置文本框中输入要整合的Flash文件或通过点击"浏览"按钮在相应文件夹中选择想要整合的Flash文件，然后单击"确定"按钮，如图7-32所示。

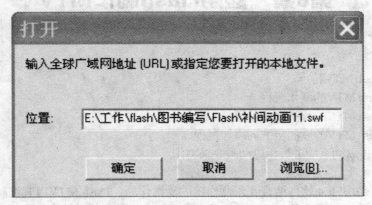

图7-32　"打开"对话框设置

（4）此时播放器中将会播放选中的动画文件。在播放器的菜单栏中选择文件、创建播放器命令，在弹出的"另存为"对话框中选择适当的保存位置，并在"文件名"文本框中输入文件名，如图7-33所示，再单击"保存"按钮，即可生成EXE文件。

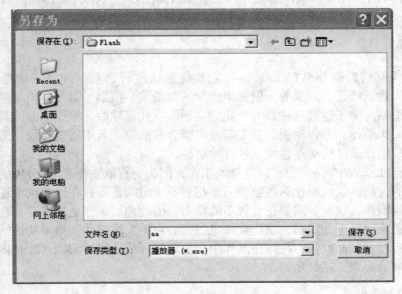

图7-33　生成EXE文件

7.5　本章小结

本章首先介绍Flash中声音和图形的导入和编辑方法，然后介绍了如何将动画文件最终发布成SWF、HTML、图像等格式的方法，并介绍了使用Flash导出图像、影片等格式的方法，最后对将Flash文件最终整合成EXE文件的方法进行了描述。

第8章　应用Flash制作MTV

本章重点

- 了解 Flash MTV特点。
- 理解Flash MTV的制作流程。
- 掌握Flash MTV的片头制作过程。
- 掌握Flash MTV的歌曲与歌词添加过程。
- 能够根据歌词意境进行相应动画效果制作。

Flash MTV是用Flash软件结合音乐制作出的动画作品，Flash MTV以其细腻优美的动画效果、声情并茂的表达效果和强烈的感染力越来越受到人们的喜爱和推崇。

8.1　前期制作准备

Flash MTV的制作是一项仁者见仁、智者见智的工作。不同人制作同一首歌曲的MTV的风格不同；同一个人对不同风格歌曲的MTV的制作效果也不同。

8.1.1　创意

在决定为某首歌制作MTV以后，我们首先应该进行创意，即决定动画中的制作目的、风格、人物、场景、效果等，就像电影导演对场景、演员、道具、出场顺序等都要有一个清晰的思路。为了达到这种目的，我们必须多听几遍歌曲，根据歌曲的具体节奏和歌词的具体含义来编排和制作动画。首先需要将整首歌曲分成若干重要片段，然后对这些片段进行仔细构思，设计其动画意境、过渡效果等。

制作一首Flash MTV是一项比较复杂的工作，因为一首歌曲需要3~5分钟的时间，这就需要几千帧的支持。仅仅制作这些帧就需要花费不少时间，而且在这些帧中还需根据歌词意境进行动画制作，这就更需要花费较多的精力。因此构思工作更显重要。在构思好之后制作动画，思路就会更加清晰，制作起来也很得心应手，往往达到事半功倍的效果，若没构思或简单构思就轻易制作，往往在制作中会出现这样或那样的问题，此时再回去详细构思，则只能事倍功半，耗时耗力。

8.1.2　准备素材

有了创意之后，就要收集准备MTV中所需要的素材。Flash MTV的素材一般包括声音素材、图片素材及对声音和图片等进行编辑的相关工具等。用户可以根据自己的创意从网络中下载相关素材。声音素材在MTV中是很重要的一部分，最好下载MP3格式的音乐。对于下载的声音素材，可以使用某些声音编辑软件对声音进行编辑处理。为了更好地表现歌曲，往往需要大量的图片素材。可以使用图像编辑软件自己进行创作，有绘画水平的朋友最好自己按照歌词的意思画图，这样才能做出有水准、有意境的Flash作品。也可以使用网络资源进行下载。从网络上下载的图片大部分都是位图，虽然可以达到某些特别效果，但大多数体积较大，不适合在网络上传播；而且位图放大后图像会模糊失真，影响动画的效果。因此，在制作MTV时应多使用矢量图。

所有图像素材都应在该阶段准备好，把需要的图片和加工好的歌曲导入到库中，有些内容需制作成元件，以便在MTV的制作过程中随时调用。

8.2 Flash MTV的制作过程

MTV的制作需要创建不同的图层来完成。为了更好地实现MTV的效果，我们需要将作品的制作大致分成若干层：我们可以创建音乐层用于存放MTV中的音乐；创建歌词层用于存放其歌词；创建背景层用于创建MTV的基本背景；创建图片动画层用于创建图片和动画效果；创建按钮层用于放置动画的控制按钮；创建动作图层用于放置整个动画的所有脚本语句。

8.2.1 制作MTV动画的片头

在歌曲播放之前，我们需要制作歌曲的片头界面，用于放置一些介绍性内容，比如歌曲的歌名、演唱者、制作者等信息。

操作步骤：

（1）打开"新建文档"对话框，新建一个Flash文件（ActionScript 3.0），如图8-1所示。

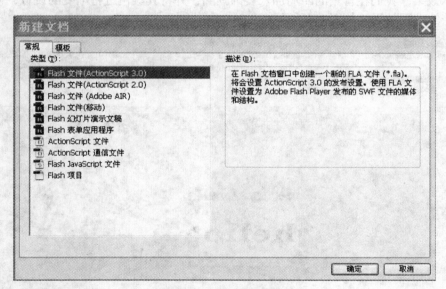

图8-1 "新建文档"界面

（2）进入Flash文档，将其中的图层名称改为片头图层，新建一影片剪辑元件，将其命名为背景1，进入其"编辑"窗口，在"编辑"窗口中的第1帧处插入一幅图片，如图8-2所示，在第5帧处删除该图片并插入另一幅图片，在第10帧处插入帧，将该图片保持5帧。

（3）在该背景下，新建一个影片剪辑元件，命名为背景2，进入"编辑"窗口，在背景2的图层1中导入包含有歌曲名字的背景图片，本例子中假设导入歌曲"hello"，为了更

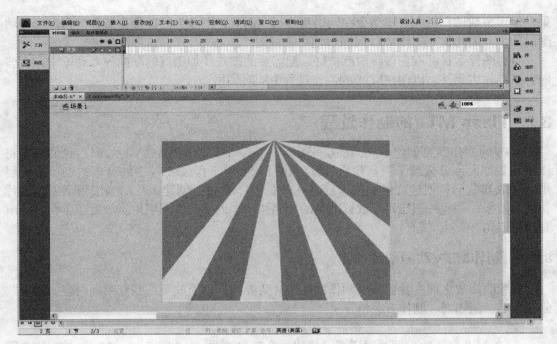

图8-2　导入背景界面

好地显示效果，我们在背景的四周加入装饰圆圈，并将其颜色进行渐变的设置，使其产生忽明忽暗的动画效果，如图8-3所示。

图8-3　歌名显示界面

（4）新建一图层，命名为"人物1"，在该图层中新建一个影片剪辑元件，命名为"人"，进入"编辑"窗口，首先绘制一简单的火柴人，然后单击骨骼工具，进入"骨骼动画编辑"窗口，在第5帧处将小人的脚向上移动，将小人的头微移，在第10帧处再将其移回原处，形成小人情不自禁地随音乐打拍子晃脑袋的效果，如图8-4所示。

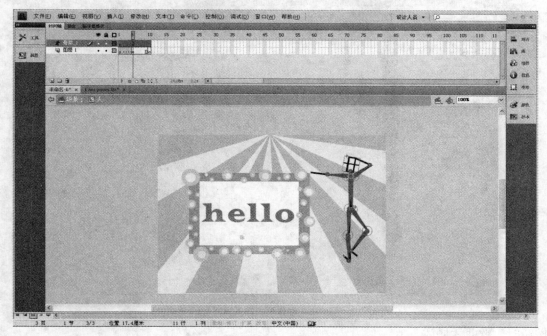

图8-4　小人编辑界面

（5）在主场景中新建一图层，取名"按钮"，单击"窗口"｜"公用库"｜"按钮"选项，从中选择相应的按钮并将其拖放至场景中，在属性面板中输入其实例名称"play_btn"，如图8-5所示。

图8-5　控制按钮界面

（6）新建一个图层，命名为"代码"，用来存放控制动画和按钮的代码，在第1帧处打开动作面板，在其中输入如下代码：

```
stop();
play_btn.addEventListener(MouseEvent.CLICK, startMovie);
function startMovie(event:MouseEvent):void
{
this.play();
}
```

如图8-6所示。该段代码首先调用stop（）函数停止影片剪辑的继续执行，使得时间轴停留在第1帧处。然后定义了一个用来监听鼠标的单击事件的函数，当我们单击play_btn

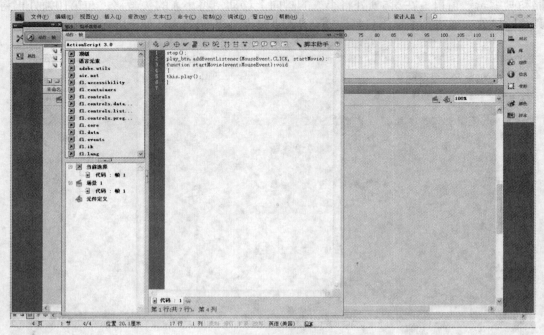

图8-6　动作面板输入界面

按钮时，歌曲才播放。

此时片头动画制作完毕。下面进入到歌曲动画制作过程。

8.2.2　添加歌曲和歌词

歌词是MTV中比较重要的部分，在制作动画之前，我们可以先将歌词添加进去。

操作步骤：

（1）新建一图层，命名为声音层，用来存放我们所要制作MTV的歌曲。打开"导入到库"对话框，选择素材文件"歌曲.mp3"，将歌曲导入到库，如图8-7所示。

（2）在时间轴上选中声音图层的第1帧，将导入的声音文件拖动到舞台中，并在帧的属性面板上展开声音选项组，在同步下拉列表框中选择数据流选项，如图8-8所示。

（3）通过单击帧的属性面板中的"编辑声音封套"按钮进入"编辑封套"对话框，在其中单击"帧"按钮并拖动滑块至最后，可以看到整首歌播放完毕大致需要2905帧，从而获得整首歌曲的总帧数，如图8-9所示。

（4）回到时间轴中，在其音乐层中不断插入帧，在第2905帧处插入关键帧，该帧表示歌曲的结束，如图8-10所示。

（5）添加一个新的图层，命名为"歌词"，专门用来放置歌词，此时的时间轴如图8-11所示。

（6）下面开始记录歌词。将播放头放在歌词图层上的第1帧处，即歌曲开始的地方。按Enter键开始播放歌曲，同时注意仔细听歌曲，听到第1句歌词开始的地方立刻按下Enter键停止播放，如图8-12所示。

在记录歌词时，我们往往可以观察歌曲的波形曲线，在波形曲线变化较大的地方往往是歌词开始的地方。

图8-7　将歌曲导入到库

图8-8　将歌曲添加到舞台时属性面板的设置

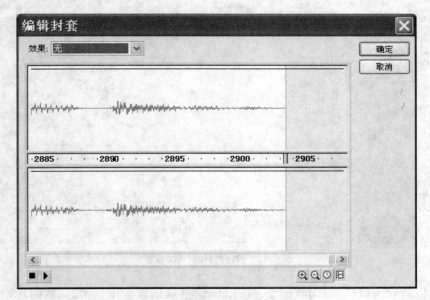

图8-9　从编辑封套中获得总帧数

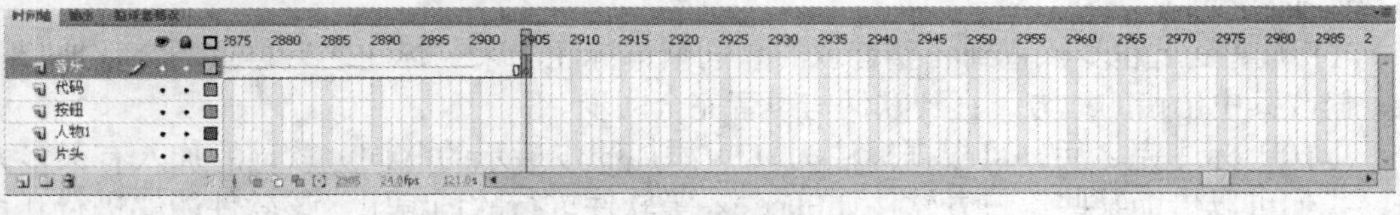

图8-10　为歌曲添加帧

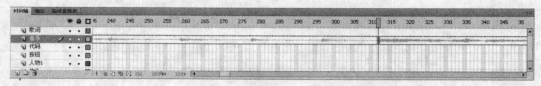

图8-11　创建歌词图层

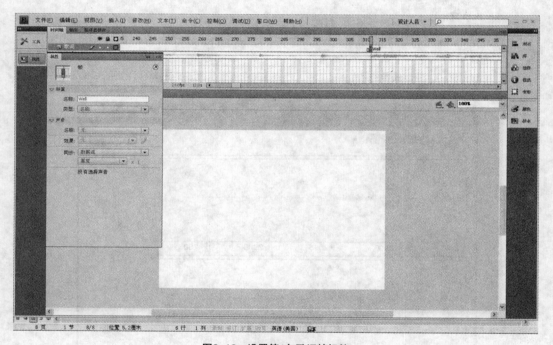

图8-12　记录第1句歌词

（7）选中歌词图层，在第1句歌词开始的帧上插入关键帧，并在帧的属性面板中添加帧标签，标签内容为歌词或歌词标记，如图8-13所示。

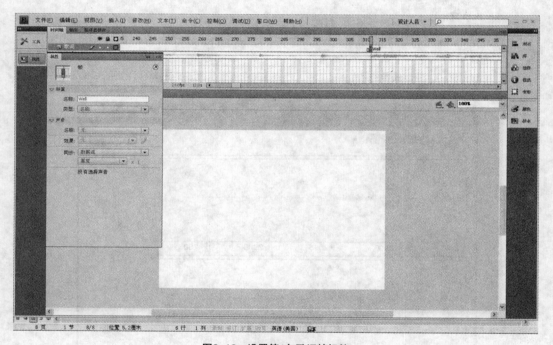

图8-13　设置第1句歌词帧标签

（8）将播放头放在第1句歌词处，按Enter键继续播放音乐，第2句歌词开始的时候立刻按Enter键停止，在第2句歌词的帧处插入关键帧并在其属性面板中添加帧标签，如图8-14所示。

（9）重复上述步骤直到将整首歌的歌词全都标注出来。标注之后再重新完整地听一遍，修改其中出错的地方，直到歌词与声音完全同步。

（10）标注完之后，可根据标注为MTV添加同步显示的歌词。歌词的加入有很多方法，我们可以借助某些第三方软件如Flax.exe等软件进行歌词编辑，该软件能够进行几百种文字特效制作，其特点是所见即所得，利用这种软件把所有的歌词编辑好，并按歌词顺序做好标记，歌词制作好以后以SWF格式保存在电脑硬盘中，需要的时候直接以影片剪辑的方式导入到Flash中。用第三方软件制作歌词的特点是制作快捷，歌词效果变换丰富，但制作的文件体积比较大。我们也可以直接在Flash编辑环境中直接制作歌词。首先，单击菜单上的插入新建元件或者按Ctrl+F8新建一个名称为歌词1的图形元件，如图8-15所示。

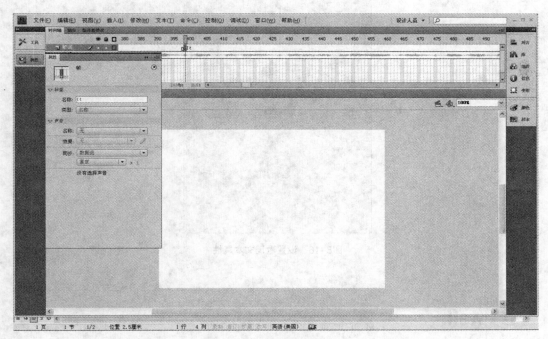

图8-14　设置第2句歌词帧标签

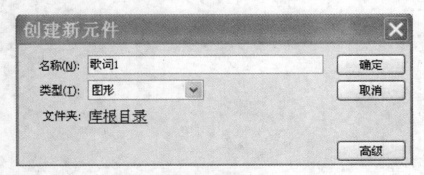

图8-15　创建歌词元件

　　（11）在工具箱选择文本工具，打开属性面板，将其进行如图8-16所示的设置。该设置用来设置歌词的字体样式、大小和颜色，用户可根据自己的喜好和习惯自行设置。

　　（12）在该元件的编辑模式下输入相应歌曲的歌词，如图8-17所示。

　　（13）为了使歌词能够和歌曲同步对应，我们可以给歌词以颜色或动画效果，使得歌词的显示具有"卡拉OK"的效果。为了实现这种效果，我们需要仔细反复聆听该段歌词，找出歌词对应的相应帧数，以便增加动画效果。本例中我们设置字的颜色渐变来模拟

图8-16 设置歌词文本属性

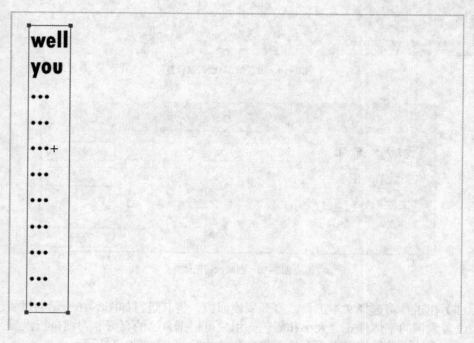

图8-17 输入歌词界面

歌词的不断变化。我们需要将使用文本工具创建的歌词连续两次使用分离操作将其分离，如图8-18所示。

图8-18 分离文本界面

（14）歌词中的"well"在歌曲的播放中占5帧左右，所以我们选中"well"单词，在第5帧处插入关键帧，将其颜色设置为另一种颜色，并在第1帧到第5帧处创建补间形状动画，如图8-19所示。

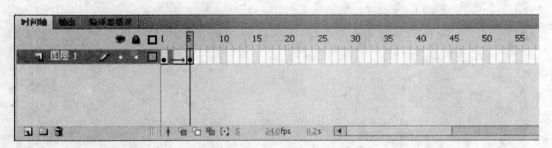

图8-19 为歌词设置动画

（15）将该段歌词中的其他单词采用同样的方法创建相应动画效果，如图8-20所示。

（16）回到主场景中，选中歌词层中标注第1句歌词的帧，将表示该歌词的"歌词1"元件拖放至舞台的相应位置，如图8-21所示。

再次仔细聆听歌曲与歌词的对应关系，如发现不一致，需要进入"歌词1"元件中修改编辑，直到歌词与歌曲完全对应，则本段歌词编辑完毕。

（17）使用同样的方法将其他所有歌词都添加到舞台上。该任务是一项既烦琐又艰巨的任务，为了能够实现良好的动画效果，需要用户在制作过程中能够做到细心、耐心、用心，这样才能够完成优秀的MTV作品。

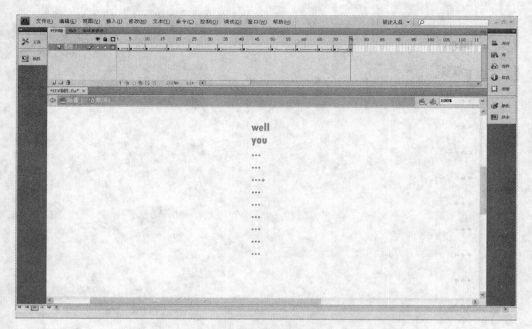

图8-20 整段歌词的动画界面

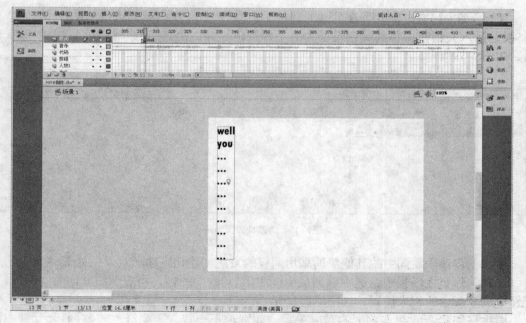

图8-21 将歌词放置到舞台

8.2.3 制作MTV动画

　　歌词添加完毕后就可以制作动画了。动画的制作完全依赖于作者个人的想象力，我们可以根据歌曲和歌词的意境充分发挥。本例中的音乐作品风格欢快活泼，所以我们使用骨骼动画制作出一个滑稽的小人Mr.Bone，该MTV的主要情节是男主角Mr.Bone遇到舞蹈演员之后的心理变化。他以合拍的舞蹈，表达了对遇到真爱时的愉快心情。Mr.Bone可以跟随音乐节奏跳舞是本MTV的最大特点，他的机械舞不禁让我们想起曾风靡一时的喜剧演员卓别林先生。其舞蹈灵感来自杰克逊，很多舞蹈动作都能让人想起逝去的天王，所以这是一首向天王杰克逊致敬的作品。

本动画分成4个场景：

场景一，音乐响起，通过补间动画和遮罩动画模拟出舞台开场的效果，Mr.Bone上场开始跳舞，合拍的舞蹈具有一定的搞笑效果。

（1）新建一个图层，命名为遮罩底层，在第2帧到第300帧处导入一舞台背景，如图8-22所示。

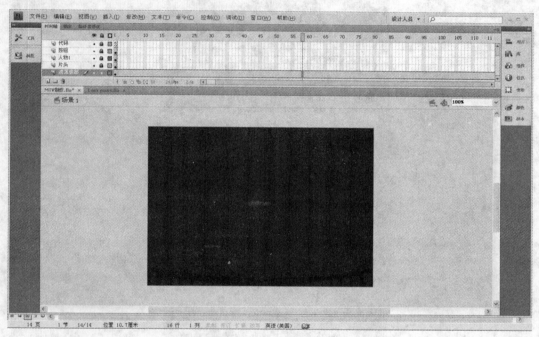

图8-22 舞台背景界面

（2）新建一个图层，命名为舞台背景层，在第2帧到第29帧处导入相同的舞台背景。在第30帧到第445帧插入关键帧，导入如图8-23所示的背景。

（3）新建一图层，命名为麦克层，在第30帧到第445帧处在舞台上绘制麦克形状，如图8-24所示。

（4）为了实现更炫目的动画效果，我们使用遮罩动画模拟探照灯效果，新建一遮罩层，在第30帧处插入关键帧，绘制一圆形图形元件，创建相应的补间动画，将图形元件在舞台上任意移动，并将其放大至整个舞台来实现相应的探照效果，然后将该图层变为遮罩层，并将麦克层和舞台背景层都作为被遮罩层，如图8-25所示。

（5）分别新建两个图层，命名为左背景层和右背景层，在其中绘制一大幕的图形元件，并在第2帧到第30帧处创建传统补间动画，实现将大幕向两侧移动的效果，如图8-26所示。

（6）新建一个图层，命名为火柴人1，在第190帧处插入关键帧，使用骨骼动画绘制一小人元件，在场景中命名Mr.Bone。然后使用骨骼动画依次制作Mr.Bone从场景外侧走入

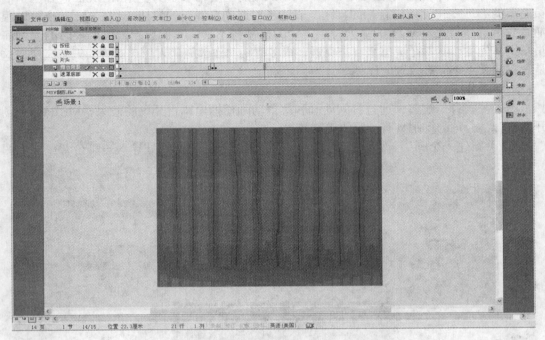

图8-23 另一背景界面

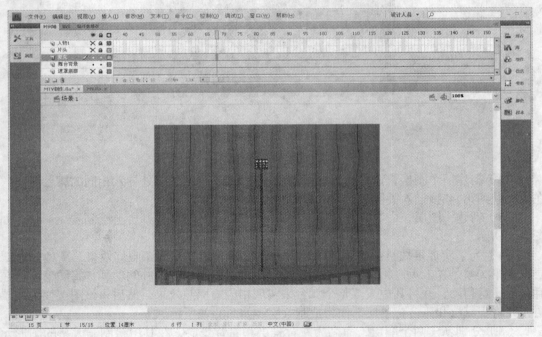

图8-24 创建麦克形状界面

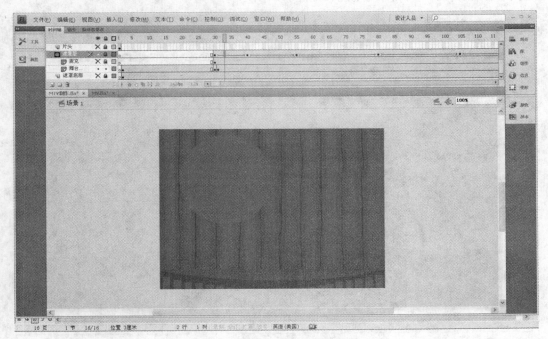

图8-25 创建舞台遮罩动画

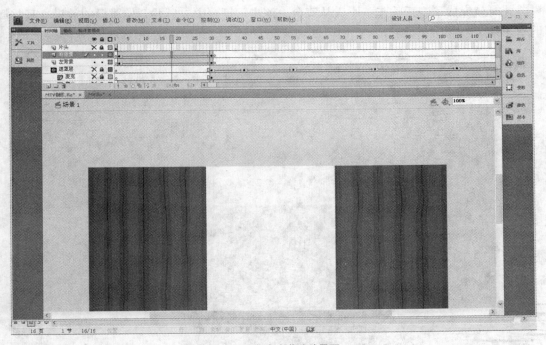

图8-26 舞台大幕移动界面

场景中央，在舞台中央跳舞的动画，如图8-27所示。

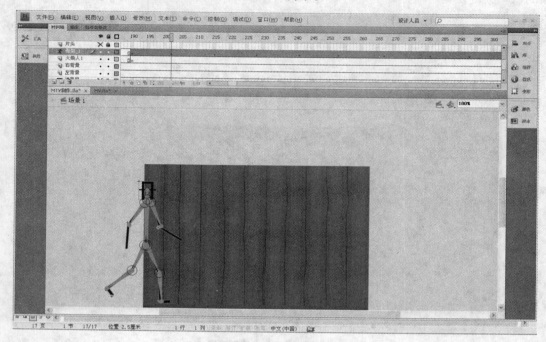

图8-27　创建跳舞小人的骨骼动画

此时就完成了音乐响起，小人从舞台一侧步入舞台中央，并开始跳舞的效果，其跳舞的效果如图8-28所示。

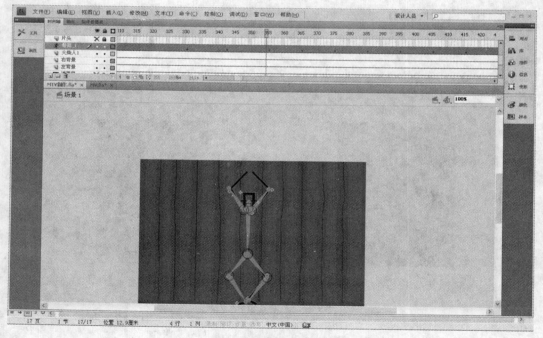

图8-28　小人跳舞界面

场景二，为Mr.Bone在天空下跳舞，加入的影片剪辑背景让画面更有动感效果。该场景的动画关键元素与场景一类似，这里不再赘述，其画面效果如图8-29所示。

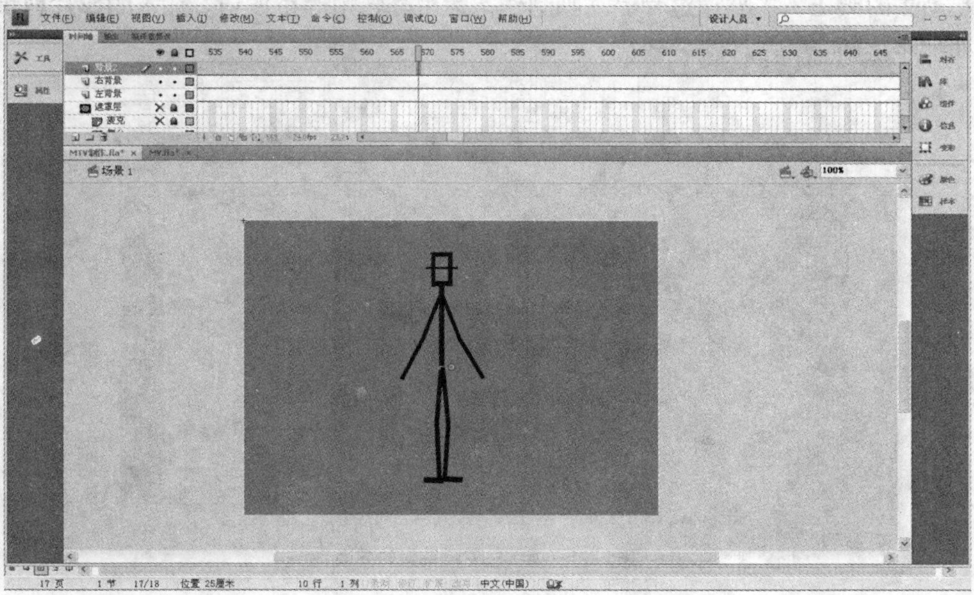

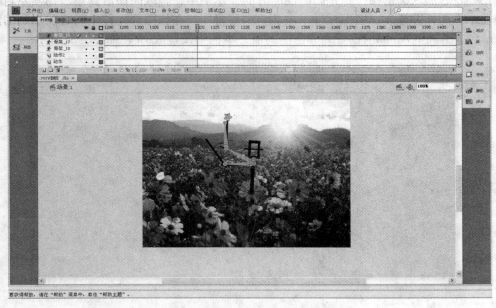

图8-29 Mr.Bone在天空下跳舞界面

　　场景三，为Mr.Bone与舞蹈演员相遇及他的心理变化，他的心理变化主要通过背景图案和他的动作表现，从库中导入的图片成为此处的亮点，用骨骼动画制作的动作表现出男主角的心理活动，无论是从彩虹上滑下场景（传统补间动画制作）、旋转的效果（旋转和传统补间动画制作），还是在花田里采花的效果（骨骼动画制作），都表现出主人公愉悦的心情，其效果如图8-30所示。

图8-30 Mr.Bone在花丛中跳舞的场景

场景四，为Mr.Bone回到舞台上，合拍的舞蹈灵感来自杰克逊，很多舞蹈动作都能让人想起逝去的天王，主要通过骨骼动画制作，运用翻转帧等小技巧。加入的影片剪辑让舞台更加绚丽，如图8-31所示。

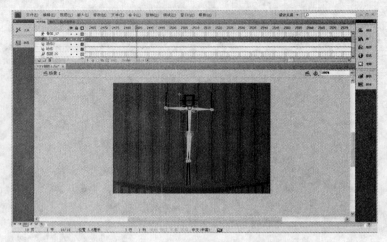

图8-31　模仿杰克逊跳舞的界面

8.2.4　制作结束动画

动画主题制作完毕之后，通常会再制作一个结束场景，让整个动画看上去更完整。可以将制作者信息放在结束动画，也可以在该场景中添加"重播"按钮，让感兴趣的观众重新观看MTV。简要步骤如下：

（1）为了使场景具有一定的延续性，仍然沿用之前使用的场景，需要使小人Mr.Bone在逐渐变暗的场景中实现落幕效果。本例中新建一图层，命名为"落幕"，在该图层中的第2775帧左右插入关键帧（这是因歌曲而异的，本例中，当歌曲播放到第2775帧左右时，已接近尾声），并插入一图形元件，命名为"落幕"，在该图形元件中将之前用到的位图导入舞台，并将其Alpha值设置为非常小的值，本例中设置成8%，如图8-32所示。

图8-32　落幕图形元件属性的设置界面

（2）在大概第2825帧处插入关键帧，将其色彩效果样式设为无，如图8-33所示。

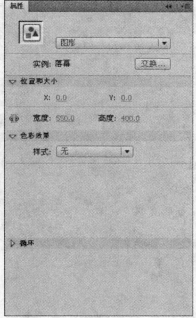

图8-33 2825帧处属性的设置界面

（3）在这两帧中间使用鼠标右键创建传统补间动画，如图8-34所示。

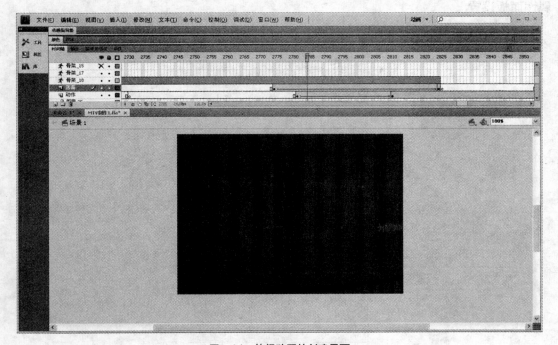

图8-34 补间动画的创建界面

（4）新建一个图层，命名为结束标题，选中第2775帧，选择插入，新建元件，新建一个图形元件，命名为结束标题，进入其编辑模式，如图8-35所示。

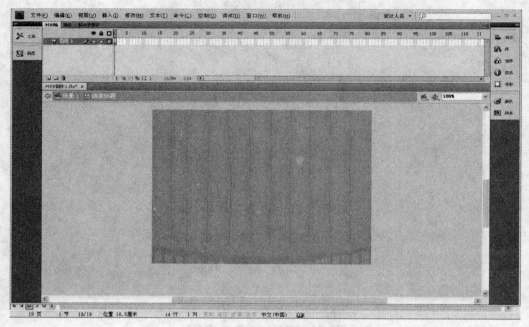

图8-35　结束标题的编辑界面

（5）选择文本工具，将其类型改为动态文本，其字体、格式等，根据如图8-36所示属性面板设置。

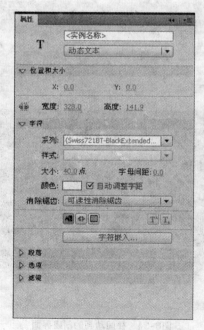

图8-36　结束标题的属性设置

（6）将其属性设置好后，在该元件编辑模式下输入本歌曲的名称，如图8-37所示。

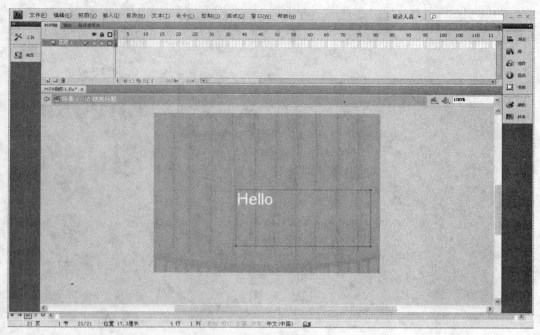

图8-37 结束标题的输入界面

（7）回到舞台中，在第2775帧将该结束标题的Alpha值设置为非常小的值，本例中设置成8%，如图8-38所示。

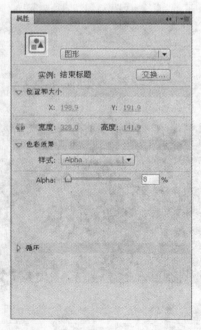

图8-38 结束标题的Alpha值的设置

（8）在大概第2825帧处插入关键帧，将其Alpha值设置为100%，如图8-39所示。

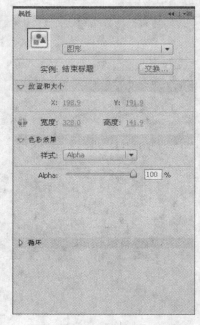

图8-39　2825帧处Alpha值的设置

（9）然后在这两帧中间使用鼠标右键创建传统补间动画，如图8-40所示。

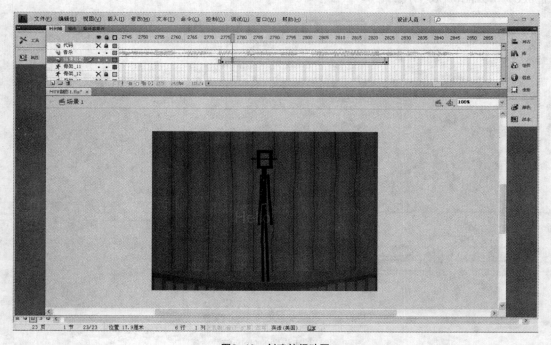

图8-40　创建补间动画

（10）在舞台中显示演唱者和作者名字，其制作方法与歌曲名称类似，效果如图8-41所示。

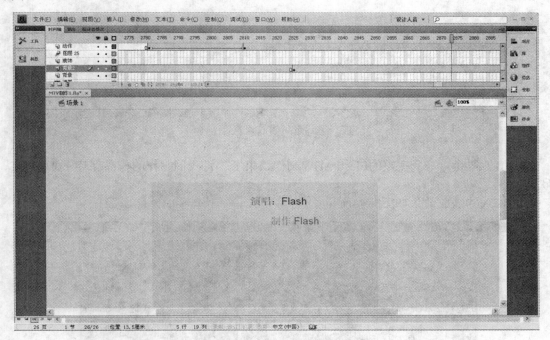

图8-41 其他文字的设置

（11）在按钮层的最后一帧中插入关键帧，选择"窗口"｜"公用库"｜"按钮"命令，在库中选择一按钮并将其拖至舞台中，如图8-42所示。

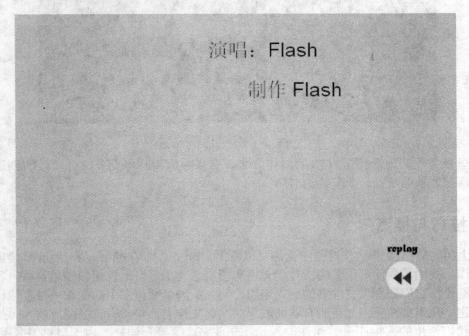

图8-42 "重播"按钮的设置

（12）在代码层的最后一帧处插入关键帧，右键进入动作面板，在动作面板中输入如下代码：

```
stop();                              //让最后一帧停止
rstart_btn.addEventListener(MouseEvent.CLICK, replayMovie);
function replayMovie(event:MouseEvent):void
{
gotoAndPlay(2);
}}                                   //给按钮加一个监听事件，运用函数replayMovie,让动画跳回第2帧播
                                       放，达到重新播放的效果
```

（13）到此，一个完整的Flash MTV制作结束了，将我们制作的作品保存下来就可以欣赏了。

该MTV的播放效果如图8-43所示。

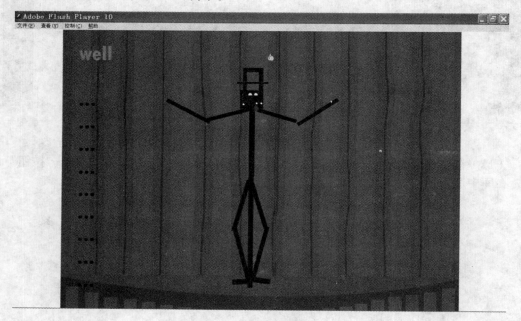

图8-43　MTV播放效果

这里只是粗略地介绍了MTV的制作方法，有兴趣的用户可充分发挥自己的创造力来为自己喜爱的歌曲制作一个有趣的MTV。

8.3　技巧与提高

从上面的MTV实例制作过程中我们可以看出，Flash MTV的制作是一项非常烦琐和庞大的工作。我们需要使用很多的图片、元件和图层。为了更好地组织和使用这些内容，我们往往需要将它们分别以文件夹的形式组织。例如：为了能让库中的元件一目了然，可以在库中建立几个文件夹，如将所有歌词放置在歌词文件夹，将所有背景图片放入图片文件夹，将我们使用的人物或道具元件放入元件文件夹，等等；同样，由于MTV中需要建立很多图层，随着层数的增加，图层编辑和显示的难度也会增加，所以，我们也可以将同一

类型的图层放置在层文件夹中，以便于我们编辑查看。

8.3.1 在库中建文件夹

上述实例中，我们可以对放在库中的材料以文件夹来组织。打开库面板，点击左下角的▭按钮即可新建一文件夹，如我们将上例中的所有图片都放置在背景图片文件夹，如图8-44所示。

图8-44 在库中创建背景图片文件夹

8.3.2 将图层组织成文件夹

利用层文件夹的方法是，单击时间轴面板左侧的图层管理器中的▭按钮来创建一个新文件夹，然后将所有相同类型的层放置在一起。例如，我们可以将上例中所有与骨骼动画有关的图层放入新建的文件夹中，并将该文件夹起名为骨骼动画层，如图8-45所示。

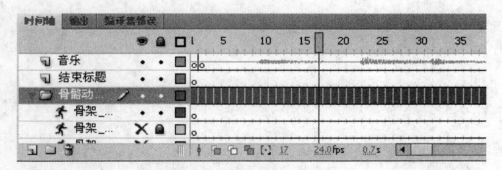

图8-45 将图层组织成文件夹

8.4　本章小结

　　本章主要讲解Flash MTV的制作特点与制作流程，通过实例设计实现一具体歌曲的MTV制作过程，使大家能够掌握Flash MTV中的片头制作、歌曲与歌词的添加方法、具体的动画表现手段等设计方法与技巧。

第9章 应用Flash制作游戏

本章重点

- 了解游戏制作的特点和Flash游戏的种类。
- 理解游戏的规划与制作流程。
- 掌握Flash射击游戏的制作过程。

9.1 Flash游戏的制作特点

Flash小游戏是很多用户都喜欢的游戏形式，它以游戏简单、操作方便、绿色、无须安装、文件体积小等优点被广大网友喜爱，对于大多数的Flash学习者来说，制作Flash游戏一直是一项很吸引人，也很有趣的技术，甚至许多闪客都以制作精彩的Flash游戏作为主要的目标。但很多人由于急于求成、制作资料不足等原因导致游戏制作不能顺利进行，甚至半途而废，最终放弃。其主要原因往往是因为对Flash游戏的制作流程与规划准备不充分。

9.1.1 游戏的构思

在着手制作一个游戏前，我们必须先要有一个大概的游戏规划或者方案，要做到心中有数，而不能边做边想，这样将会浪费大量的时间和精力。要想让游戏的制作过程轻松，关键是要先制订一个完善的工作流程，安排好工作进度和分工，这样做起来就会事半功倍，在制订任何工作计划之前，一定要在心里有个明确的构思，设计好游戏的整体构思。

9.1.2 游戏的目的

制作一个Flash游戏的目的有很多，有的纯粹是娱乐，有的是出于商业目的。所以在进行游戏的制作之前，必须先确定游戏的目的，这样才能够根据游戏的目的来设计符合需求的作品。

9.1.3 游戏的种类

简单来说，Flash游戏可以分为以下几种类型：

1. 动作类游戏

在游戏的过程中需要依靠玩家的反应来控制游戏中角色的游戏都可以被称作"动作类游戏"。在游戏中，我们可以使用鼠标或键盘来操作游戏。在目前的Flash游戏中，这种游戏是最常见的一种，也是最受欢迎的一种。

2. 益智类游戏

此类游戏也是Flash比较擅长的游戏，其特点就是玩起来节奏较慢，主要靠玩家开动脑筋的益智游戏，用于培养玩家在某方面的智力和反应能力，此类游戏的代表有牌类游戏、拼图类游戏、棋类游戏等。

3. 角色扮演类游戏

所谓角色扮演类游戏，就是由玩家扮演游戏中的主角，按照游戏中的剧情来进行游戏，游戏过程中会有一些解谜或者和敌人战斗的情节，这类游戏在技术上不算难，但是因为游戏的规模非常大，所以在制作过程上也会相当的复杂。

4. 射击类游戏

射击类游戏在Flash游戏中占用很大比例，这类游戏往往采用较为简单的故事情节和表现形式，具有容易上手、简单易玩等特点。

9.1.4 游戏的规划与制作流程

在决定好将要制作的游戏目标与类型后，接下来需要制订一个我们所要制作的游戏的流程，进行必要的游戏制作的规划。简单来说，就是大致上设想好游戏中会发生的所有情况。并针对这些情况安排好相应的处理方法，即可开始系统地开发游戏了。大致需要以下过程：

1. 制作游戏流程图

根据游戏的目的与类型，按照我们预定的构思，参照程序流程图的思想，画出游戏的流程图，游戏流程图要求能够清楚地了解游戏的制作内容和可能发生的情况。它是制作游戏过程中非常重要的部分。

2. 素材的收集和准备

游戏流程图设计出来后，就需要着手收集和准备游戏中要用到的各种素材了，包括图片、声音等。要完成一个比较成功的Flash游戏，必须拥有足够丰富的游戏内容和漂亮的游戏画面，所以在进行下一步具体的制作工作前，需要好好准备游戏素材。

（1）图形图像的准备。

这里的图形一方面指Flash中应用很广的矢量图，另一方面也指一些外部的位图文件，两者可以进行互补，这是游戏中最基本的素材。我们可以自己动手制作想要的素材，也可以利用网络上大量的免费资源来寻找我们需要的素材。

（2）音乐及音效。

音乐在Flash游戏中是非常重要的一种元素，大家都希望自己的游戏能够有声有色，绚丽多彩，给游戏加入适当的音效，可以为整个游戏增色不少。我们可以通过网络来下载自己所需要的音乐，也可以从CD、VCD中提取优秀的、适合的音乐音效。

3. 制作与测试

当所有的素材都准备好后，就可以正式开始游戏的制作了。在此环节中需要运用平时所掌握的Flash技术并依靠平时学习和积累的经验和技巧，把它们合理地运用到实际的制作工作中，在制作中有些经验是必要的：

·分工合作：一个游戏的制作过程是非常烦琐和复杂的。所以要做好一个游戏，必须要多人互相协调工作，每个人根据自己的特点和不同的技术特长来进行不同的任务，一般的经验是美工负责游戏的整体风格和视觉效果，而程序员则进行游戏程序的设计，这样不仅可以充分发挥各自的特点，而且可以保证游戏的制作质量，从而提高工作效率。

·指定游戏进度：根据游戏的流程图将所有要做的工作加以合理地分配，设计好进度表，然后按进度表去进行制作游戏才能保证按时、定量、合理地完成游戏的制作。

·多多学习借鉴他人的作品：借鉴他人的作品并不是要抄袭他人的作品，而是在平时多注意他人的游戏制作方法。遇到优秀的游戏作品时，要养成研究和分析的习惯，从这些观摩的经验中，大家可以学习到不少自己出错的原因和自己没注意到或忽略的制作技术，从而提高自己的游戏制作水平。

游戏制作完成后需要进行测试。可以利用Flash的"控制"│"测试影片"命令来测试动画的执行状况，也可以在调试模式中经过菜单"监视场景"│"元件"│"变量"的方式，找出程序中的问题。除此之外，为了避免测试时的盲点，一定要在多台计算机上进行测试，而且参加的人数最好多一点儿，这样才可能更好地发现游戏中存在的问题，使游戏更加完善。

以上我们介绍了通用的Flash小游戏的制作流程与规划方法，在我们的游戏制作过程中可以遵循上述的流程和方法，但上述的步骤也不是一成不变的，可以根据制作的游戏的特点和实际问题来对此进行修改。

9.2 实例制作

在Flash游戏中，最为广泛的应用就是碰撞类游戏，如赛车游戏、射击游戏等。这些游戏采用二维平面的表现形式，主体程序相对比较简单，对运行环境的要求也不高；同时情节不是很复杂，容易上手，因此受到玩家的欢迎，成为Flash游戏的宠儿。我们以一个名为"拯救僵尸"的射击游戏为例，具体描述碰撞类游戏的制作流程。

9.2.1 游戏构思

此款小游戏的背景故事是：在很久很久以前，小红人村被施了法术，大家都变成了僵尸，所以僵尸横行。好心的巫师不远万里来到这个世界拯救大家，他利用自己高超的法术拯救了大家。本游戏核心代码利用随机数控制，使游戏出现很大的随机性，以锻炼玩家的反应能力。

9.2.2 设计步骤

该游戏的制作可分为以下几个主要部分：

1. **游戏界面的制作**

（1）新建一个Flash（ActionScript 3.0）文档，命名为"拯救僵尸"，将其舞台的大小设置成1200×650像素。该界面即为游戏中的初始界面。

（2）将该图层命名为背景层，在第2帧处插入空白关键帧，并将该背景图片导入到舞台中，如图9-1所示。

（3）选择"插入"│"新建元件"命令，打开"创建新元件"面板，在"名称"文本框中输入"说明"，选择影片剪辑类型选项，单击"确定"按钮进入"新元件创建"窗口。

（4）在时间轴面板中，新增一图层，命名为"wenzi"，在工具面板中选择文本工具，在其属性面板中的字体选择"隶书"，字体大小选择"30号"，颜色为黑色，在舞台上输入一说明游戏的静态文本，如图9-2所示。

（5）打开颜色面板，选择线性类型，设置相应渐变颜色，如图9-3所示。

（6）选择图层1，在工具面板中选择矩形工具，在属性面板中将笔触高度设为"16"，笔触颜色设为"粉色"，样式设为"点状线"，在上述文字上绘制一个如图9-4所示的背景。

图9-1　游戏背景界面

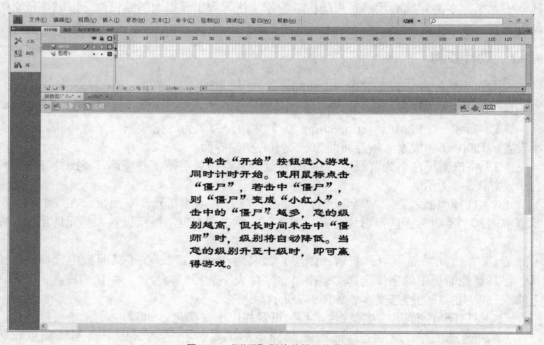

图9-2　"说明"影片剪辑制作界面

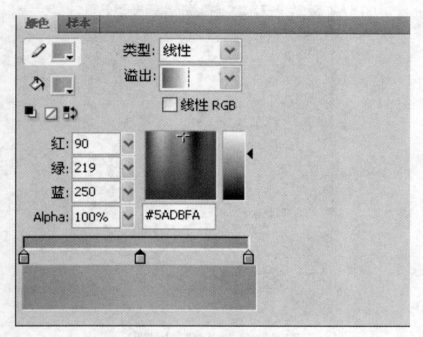

图9-3 颜色面板的设置界面

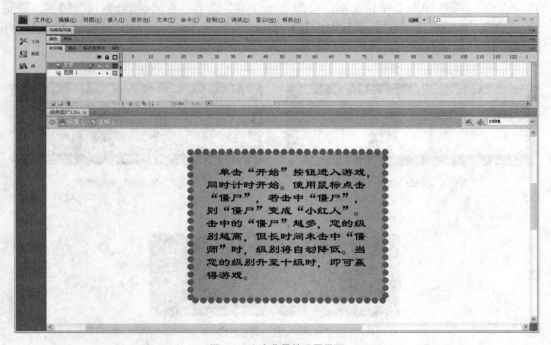

图9-4 文字背景的设置界面

（7）回到主场景中，选择"插入"｜"新建元件"命令，在弹出的如图9-5所示的对话框中将新元件名称中输入"控制按钮"，将其类型改为按钮，作为该游戏的控制按钮。

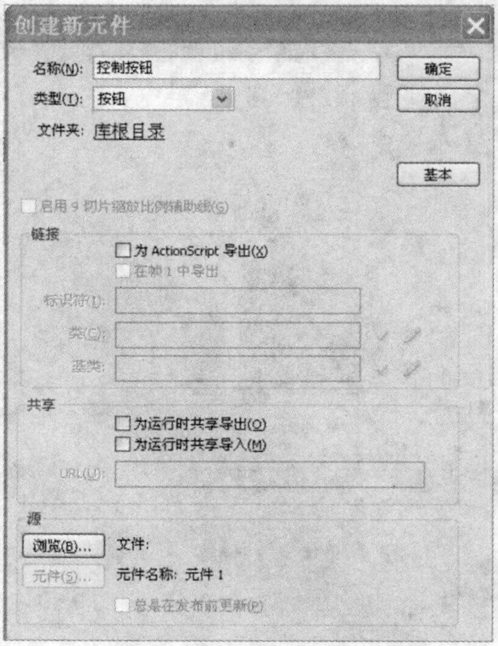

图9-5　新建"控制按钮"对话框设置

（8）进入"控制按钮"的编辑模式，在第1帧处插入关键帧，绘制一个如图9-6所示的黄色矩形，并在矩形上使用文本工具写上"开始"二字；在第2帧处插入关键帧，将矩形的颜色改为绿色，作为鼠标经过时的按钮颜色，如图9-7所示；在第3帧处插入关键帧并将矩形的颜色改为红色，作为鼠标点击的颜色，如图9-8所示。

图9-6　按钮的初始状态

图9-7　鼠标经过时的效果

图9-8　按钮的点击效果

（9）新建一图层，在其第1帧处将我们事先准备好的僵尸图片按如图9-9所示顺序导入到场景中。

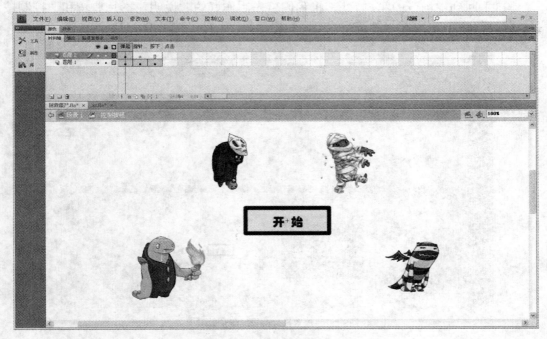

图9-9 排列僵尸效果

（10）在第2帧处插入关键帧，重新排列之前的僵尸图片，如图9-10所示。

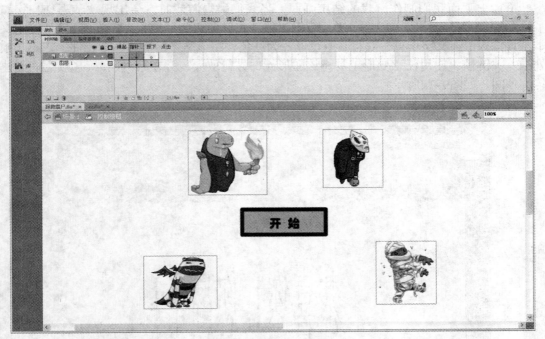

图9-10 重新排列僵尸效果

此时，我们想要的游戏控制按钮就制作好了，当我们点击按钮或将鼠标放置在该按钮上时，该按钮会改变颜色，同时四周的僵尸会重新排列。

（11）回到主场景的第1帧处，将我们事先制作好的"说明"影片剪辑和"控制按钮"放置到舞台中，并将控制按钮的实例名称命名为st_btn，如图9-11所示。

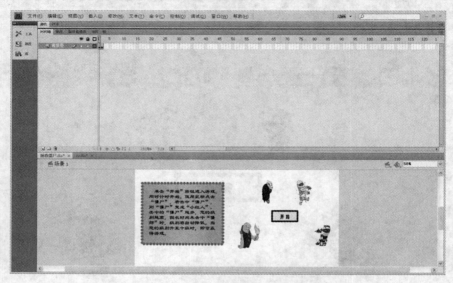

图9-11　放置影片剪辑的舞台效果

此界面是我们游戏的初始界面，当我们点击界面中的"开始"按钮时，就进入到游戏的运行界面。

（12）下面我们制作游戏的结束画面。当我们赢得游戏时，会出现"恭喜您！您赢了！"的文字提示信息。新建一影片剪辑对象，将其命名为"结果"，在第1帧处使用文本工具输入上述文字信息，并将其颜色设置为红色，将该文字转换为图形元件，在第10帧处插入关键帧，使用任意变形工具将该图形元件进行放大，并在第1帧和第10帧之间创建传统补间，如图9-12所示。

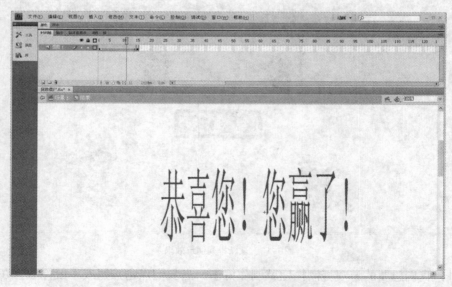

图9-12　"结果"影片剪辑的设计界面

（13）回到主场景中，新建一图层，命名为"结果层"，在其第4帧处插入关键帧，并将"结果"影片剪辑放置到舞台中央，如图9-13所示。

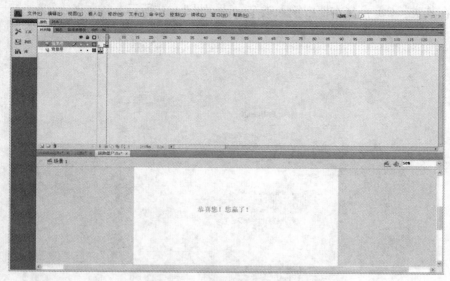

图9-13　将"结果"放入舞台的效果

（14）新建一图层，命名为"音乐层"，在第2帧处插入关键帧，导入到舞台一段优美的背景音乐，并使用属性面板将其同步选项设为事件，如图9-14所示。

图9-14　音乐属性的设置

2. 主要元件的制作

为了制作游戏场景，我们已经制作了上述元件"说明"元件、"控制按钮"元件、"结果"元件。为了实现游戏，我们还需要制作以下元件：

·鼠标（巫师）元件

本游戏中需要让巫师来拯救变成僵尸的小红人，所以我们首先要创建用于鼠标作用的巫师元件。

（1）新建一影片剪辑元件，命名为"mouse"，并选择链接：为ActionScript导出（X）。在其类（C）：文本框中输入类名mm，如图9-15所示。

图9-15　新建鼠标影片剪辑界面

（2）进入该元件的编辑模式，在第1帧处插入关键帧，将巫师图片和其魔法口袋图片导入到舞台，并将魔法口袋中心对准舞台中心，如图9-16所示。

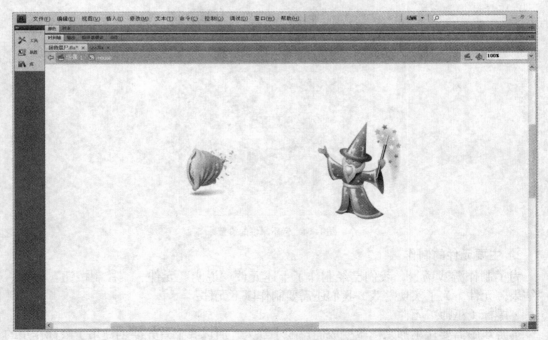

图9-16　鼠标元件的初始界面效果

（3）在第2帧处插入关键帧，将魔法口袋图片逆时针旋转45°，并沿旋转方向绘制一条弧线，表示实施魔法，如图9-17所示。

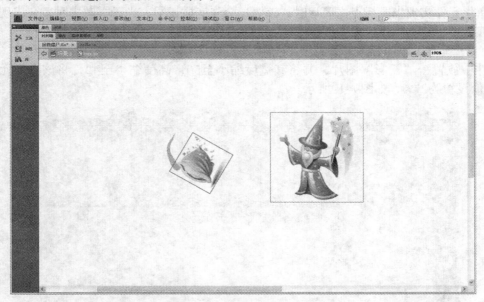

图9-17 鼠标元件的点击界面

（4）在第3帧处插入帧，然后新建一图层，在第1帧处插入帧，右键选择动作面板，在其中输入代码：

```
stop（）;
```

如图9-18所示。

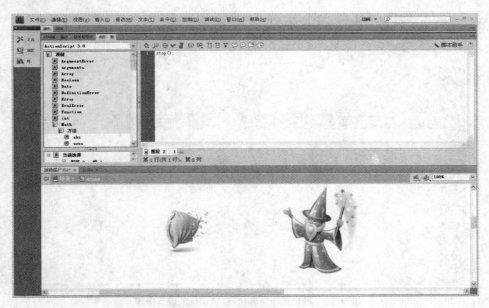

图9-18 代码输入界面

此时用来代替鼠标的巫师口袋元件就完成了。

·净化元件设计

净化元件实现当鼠标点击僵尸时，该僵尸会先变成云雾，当云雾散去时，会出现净化的小红人效果，其制作过程如下：

（1）新建一影片剪辑，命名为"净化1"，在第1帧处导入一"云1"图形元件，该图形元件中放置一"云彩"图片，并将其宽度缩小至50，高度缩小至42，将该图形元件的Alpha值设置为27%，如图9-19所示。

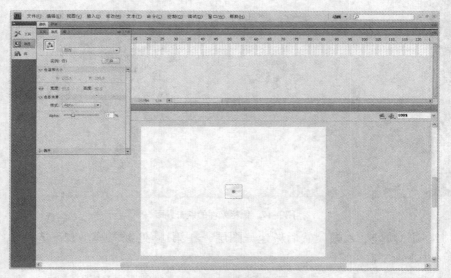

图9-19　净化元件的初始设置

（2）在第10帧处插入关键帧，将"云1"图形元件的宽度和高度设置为256，并将其Alpha值设置为87%。并在第1帧到第10帧处创建传统补间，如图9-20所示。

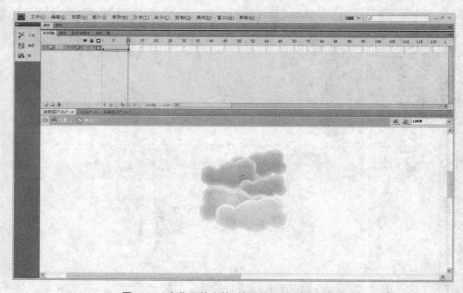

图9-20　净化元件中第1帧到第10帧的设置操作

（3）在第25帧处插入关键帧，将其Alpha值设置为4%，在第10帧到第25帧处创建传统补间，如图9-21所示。

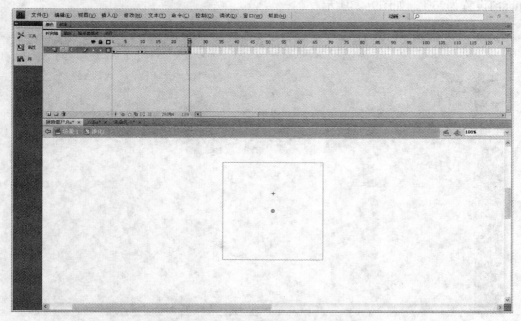

图9-21 净化元件第10帧到第25帧的动画设置界面

（4）选中第10帧，导入另一"云彩2"位图，将其宽度设置为230，高度设置为100，并放置在"云彩"元件下方，如图9-22所示。

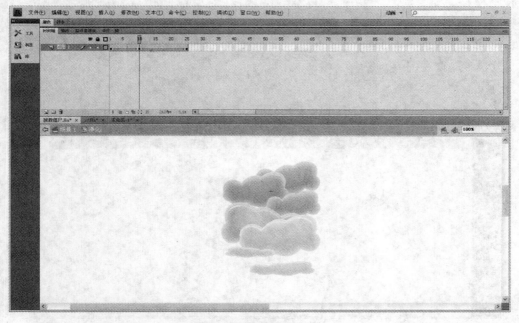

图9-22 增加位图的界面

（5）新建一图层，在其第1帧处导入事先制作好的一"云2"图形元件，在该图形元件中放置的是"云彩2"位图。将该图形元件放置上一步骤中"云2"元件的下方，并将其Alpha值设置为26%，如图9-23所示。

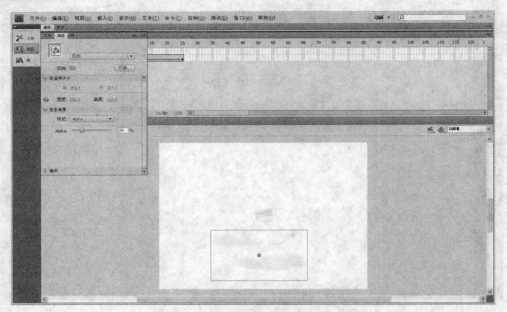

图9-23　"云2"元件的初始界面

（6）在第10帧处插入关键帧，将该图形元件移至"云1"元件上，使该新元件覆盖住"云1"元件，将其Alpha值设置为96%，并在第1帧到第10帧处创建传统补间，如图9-24所示。

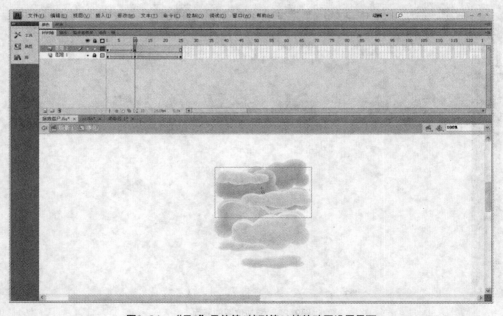

图9-24　"云2"元件第1帧到第10帧的动画设置界面

（7）在第25帧处插入关键帧，将该图形元件移离"云1"元件，并将其Alpha值设置为0%，在第10帧到第25帧处创建传统补间，如图9-25所示。

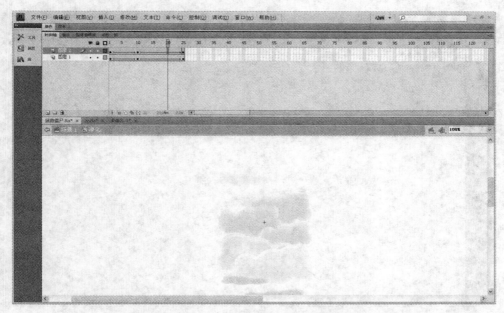

图9-25　"云2"元件第10帧到第25帧的动画设置界面

（8）为了更好地实现云雾效果，新建一个图层，将该图层移至图层1下面，在该图层的第1帧处导入"云彩3"图片，将其宽度设置为30，高度设置为40，然后将该图片转换成"云3"图形元件，并将"云3"元件的Alpha值设为0%，如图9-26所示。

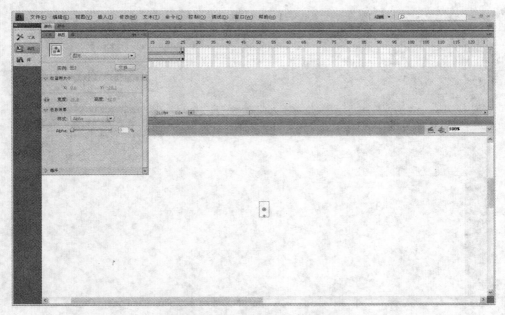

图9-26　"云3"元件的初始界面

（9）在第10帧处插入关键帧，将"云3"图形元件的宽度设置为218，高度设置为244，并将其Alpha值设置为56%，在第1帧到第10帧处创建传统补间，如图9-27所示。

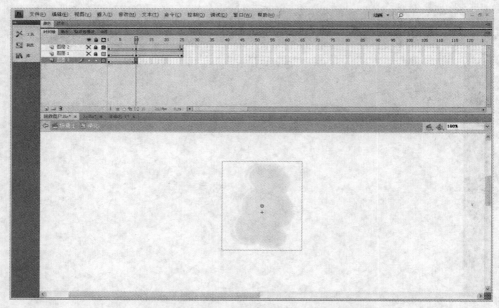

图9-27 "云3"元件第1帧到第10帧的动画设置界面

（10）在第25帧处插入关键帧，将该图形元件的宽度设为220，高度设为224，并将其逆时针旋转90°左右，并将其Alpha值设置为2%，在第10帧到第25帧处创建传统补间，如图9-28所示。

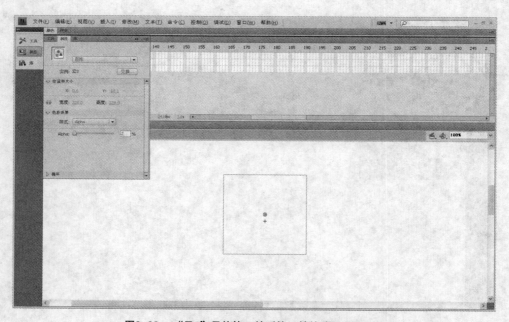

图9-28 "云3"元件第10帧到第25帧的动画设置界面

（11）新建一图层，将其放在上一步中创建的图层的下面，在第1帧处导入一"僵尸1"图形元件，在该图形元件中放置一僵尸图片。并将该"僵尸1"图形元件放置在之前所创建的云彩元件之中，如图9-29所示。

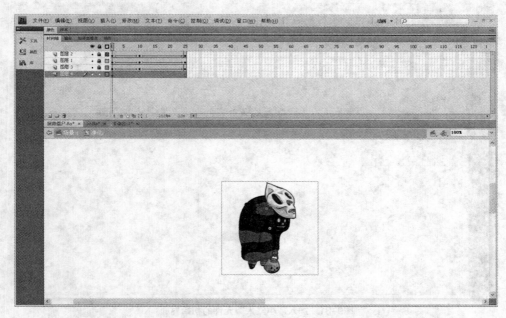

图9-29 加入"僵尸"元件的初始界面

（12）在第14帧处插入关键帧，将该图形元件的Alpha值设置为2%，并在第1帧到第14帧处创建传统补间，如图9-30所示。

图9-30 "僵尸"元件第1帧到第14帧的动画设置界面

（13）在图层4的下方新建一图层，在第14帧处插入关键帧，并导入一"小红人"图形元件，在该图形元件中放置一"小红人"图片。并将该图形元件的Alpha值设置为6%，如图9-31所示。

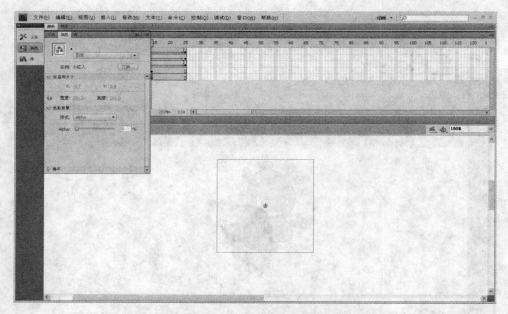

图9-31　加入"小红人"元件的初始界面

（14）在第25帧处插入关键帧，将其宽度和高度设置为164，并将其Alpha值设置为100%，在第14帧到第25帧处创建传统补间，如图9-32所示。

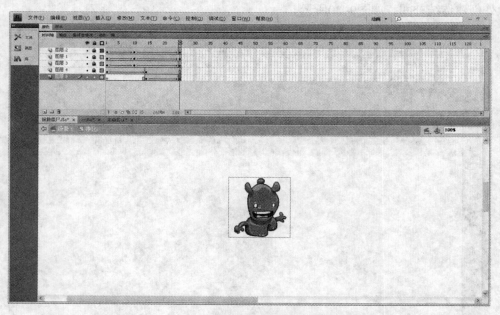

图9-32　"小红人"元件第14帧到第25帧的动画设置界面

（15）此时将僵尸转换成小红人的效果就出来了。为了能使该"净化"影片剪辑播放一次即可停止，我们新建一图层，在第25帧处插入关键帧，并打开动作面板，在其中输入以下代码：

```
stop();
```

如图9-33所示。

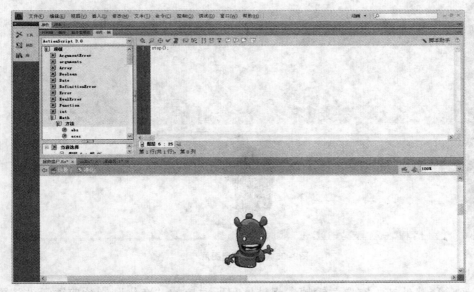

图9-33   "净化"影片剪辑设置代码界面

用同样的方法将其他的僵尸制作出净化效果。

·目标（僵尸）元件

（1）新建一影片剪辑元件，命名为"target1"，并选择链接：为ActionScript导出（X）。在其类（C）：文本框中输入类名target1，如图9-34所示。

图9-34   新建"僵尸（target1）"影片剪辑元件界面

（2）进入该元件的编辑模式，在其第1帧处插入关键帧，将一僵尸图片导入到舞台中，如图9-35所示。

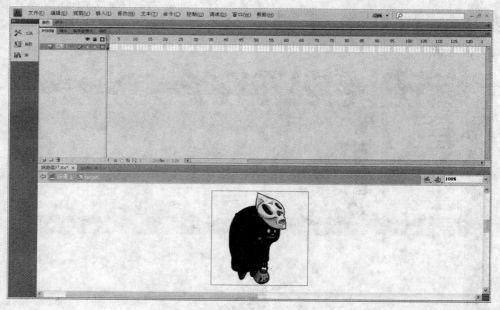

图9-35　导入僵尸图片

（3）在第6帧处插入空白关键帧，将该僵尸所对应的"净化"影片剪辑元件放置舞台，并在第12帧处插入帧，如图9-36所示。

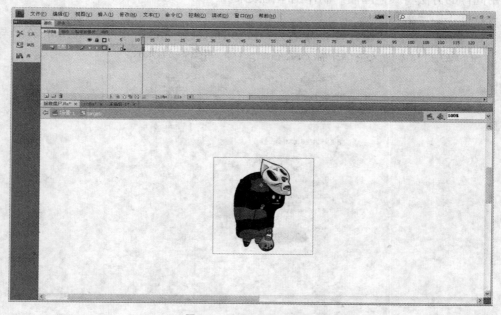

图9-36　加入"净化"元件

（4）新建一个图层，在第6帧处插入空白关键帧。在第1帧处选择属性面板，在其声音属性中选择某种已放入库中的怪物（叫声音频文件），将其同步设置为事件，如图9-37所示。

图9-37　加入音频效果

（5）新建一图层，在第6帧处插入关键帧，使用同样的方法加载另一音效，实现鼠标点击成功的音频效果，如图9-38所示。

图9-38　加入点击成功的音频效果

（6）再新建一图层，在第1帧处选择动作面板，在其中输入代码：stop()；先使该影片剪辑对象停止。在第6帧处插入空白关键帧，将其属性面板中的帧标签文本框中设置值为hit，表示该帧为鼠标点中的帧，将会播放击中的效果，如图9-39所示。

图9-39　设置第6帧的帧标签效果

（7）在第12帧处插入空白关键帧，打开动作面板，在其中输入代码：stop()；使该影片剪辑停止。

同样的方法制作影片剪辑target2、target3和target4，并分别为其选择链接：为ActionScript导出（X）。在其类（C）：文本框中输入类名target2、target3和target4。

此时我们需要的相应元件就制作完毕了。下面就需要为该游戏添加脚本代码了。

3. 添加动作脚本

（1）回到主场景中，新建一图层，取名代码层，在第1帧处打开动作面板，在其中输入如下代码：

```
stop();
st_btn.addEventListener(MouseEvent.CLICK, startMovie);
function startMovie(event:MouseEvent):void
{
gotoAndPlay(2);
}
```

该代码段首先将主场景停止，然后在控制按钮st_btn上增加单击监听事件。当我们单击该按钮时，主场景就跳至第2帧处播放。

（2）在第2帧处插入空白关键帧，打开动作面板，在其中输入如下代码：

```
Mouse.hide();                                              //原鼠标隐藏
stage.addEventListener(MouseEvent.MOUSE_MOVE,sbhs);
stage.addEventListener(MouseEvent.MOUSE_DOWN,axhs);        //运行时创建鼠标影片
var mouse=new mm();                                        //创建鼠标对象
this.addChild(mouse);                                      //将鼠标对象添加到当前场景中
                                                           //当鼠标移动时保持影片与鼠标位置一致
function sbhs(event:MouseEvent)
{
    mouse.x = mouseX;
    mouse.y = mouseY;
      event.updateAfterEvent();
    }
mouse.mouseEnabled=false;                                  //当鼠标按下时影片进入并播放第2帧
function axhs(event:MouseEvent)
{
    mouse.gotoAndPlay(2);
}
```

　　该段代码首先将源鼠标图像隐藏，在舞台中添加鼠标移动和鼠标按下的监听器。然后在运行该帧时，在场景中利用我们之前创建好的鼠标（巫师）元件创建一鼠标对象mouse，并将该对象添加到当前场景中显示。然后定义了鼠标的移动事件，在该事件中将鼠标的*x*坐标和*y*坐标定义与源鼠标坐标相同，并调用updateAfterEvent()函数在该事件执行完毕后更新舞台，实现鼠标的实时显示效果。然后将鼠标的mouseEnabled属性设置为flase。该语句实现自定义鼠标后鼠标事件的真正捕获。鼠标按下事件完成，当按下鼠标元件时，进入鼠标元件的第2帧处播放，其运行效果如图9-40所示。

图9-40　鼠标运行的效果

（3）在结果层的第3帧处插入空白关键帧，选择文本工具，首先使用静态文本在相应的位置输入"时间："、"分数："和"级别："，并设置相应字体和文字颜色，如图9-41所示。

图9-41　添加静态文本的效果

（4）将文本工具改成动态文本，依次在静态文本"时间："、"分数："和"级别："旁边创建3个动态文本，并分别将其命名为"shijian"、"fenshu"和"jibie"，如图9-42所示。

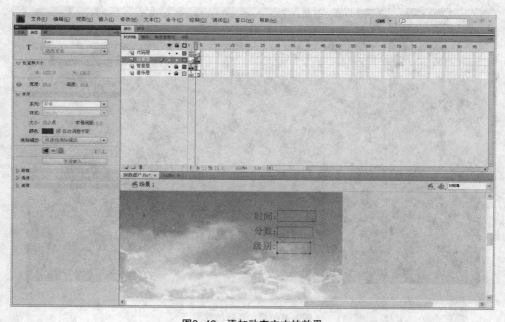

图9-42　添加动态文本的效果

　　这3个动态文本框在程序中动态地记录程序运行时所消耗的时间、当前的分数以及当前所处的级别。

　　（5）选中代码层，在其第3帧处插入空白关键帧，并选择动作面板，在其中输入如下代码：

```
stop();                                        //定义游戏开始时间
var oldDate:Date = new Date();
var oldTime = oldDate.getTime();               //定义得分
var score=0;                                   //定义游戏级别
var level = 1;                                 //设置得分
fenshu.text="0";                               //定义创建的僵尸对象的索引位置
var deep=1;                                     //创造目标
stage.addEventListener(Event.ENTER_FRAME,jr);
function jr(hs:Event)
{
    var newDate:Date = new Date();
    var myTime = Math.floor((newDate.getTime() – oldTime) / 1000);
    if(level!=10)
    {shijian.text=myTime.toString();
    var old_level = level;
    level = Math.floor(score/100);
    if (level != old_level)
        jibie.text=level.toString();
        }
if(level==10)
gotoAndStop(4);                                //随机决定是否创建新目标
    if (randRange(0, 30 – level * 2) == 11)
    {
        if((level!=10))                         //随机创建4种僵尸目标对象
        {var arr:Array = new Array(new target1(),new target2(),new target3(),new target4());
        var number = randRange(0, 3);
        var target= arr[number];                //将随机创建的僵尸对象加载到舞台上显示
        addChildAt(target,deep);                //将鼠标显示在僵尸对象上方
        setChildIndex(mouse,deep+1)
        deep++;                                 //设置目标属性
        with (target)
        {
            y = randRange(50, 650);
            x = –target.width;
            scale = randRange(3, 5);
            scaleX = scale/16;
            scaleY = scale/16;
        }                                       //目标移动
        target.addEventListener(Event.ENTER_FRAME,jr1);
        function jr1(hs:Event)
        {
            target.x += 5;
```

```
        }                                    //击中目标
    target.addEventListener(MouseEvent.MOUSE_DOWN,ax);
    function ax(event:MouseEvent)
    {                                        //当击中目标时，分数加10并将target转到击中帧
                                               执行
score=score+10;
        if(level!=10)
    fenshu.text=score.toString();
            target.gotoAndStop("hit");
        }
      }
      }
    }                                        //定义随机函数
function randRange(minNum:Number, maxNum:Number):Number
{
    return (Math.floor(Math.random() * (maxNum − minNum + 1)) + minNum);
}
```

该段代码实现在游戏运行过程中动态随机创建4个僵尸影片剪辑对象作为目标对象，并让其从左到右移动，目标对象上定义了鼠标按下事件，当在目标对象上检测到鼠标按下事件时，即鼠标点击到了目标对象，此时让目标对象跳转至其"击中"帧标签所对应帧去执行，该帧及后继帧实现的是将僵尸转换成"小红人"的效果，同时将分数加10；当我们击中10个目标对象后，我们的游戏级别将会增加1；当我们的游戏级别达到10级时，将会出现"恭喜您！您赢了！"的画面。各种效果如图9-43、图9-44和图9-45所示。

图9-43　运行时击中目标的界面

图9-44　级别增加的界面

图9-45　游戏结束的画面

上述步骤描述了一个简单的Flash游戏的实现过程。从中我们可以看出，Flash游戏编程是一项复杂的技术，需要综合运用Flash基础知识和脚本编程知识。其中不难看出脚本编程在其中起到非常重要的作用，所以要想编制出一个好的Flash游戏，除了好的创作构思之外，还需要有深厚的脚本编程功底。

9.3　本章小结

通过本章的学习，使大家对Flash小游戏的制作规律有一定的了解，为大家制作Flash游戏提供一个现成的框架。本章中的实例制作不仅涉及运动控制，还包括射击效果设置的实现。本章讲解的内容仅仅包括游戏制作中最基本的制作方法和实现效果，在实际操作中还涉及许多其他的技术和艺术问题。为了更好地实现游戏设计，需要在本章的基础上进一步丰富、发展，以使游戏更加具有挑战性和趣味性。